高校入試実戦シリーズ

実力判定テスト10 改訂版

数学

偏差値60

※解答用紙はプリントアウトしてご利用いただけます。弊社HPの商品詳細ページよりダウンロードしてください。

目　次

この問題集の特色と使い方

☆**本書の特長**

　本書は，実際の入試に役立つ実戦力を身につけるための問題集です。いわゆる"難関校"の，近年の入学試験で実際に出題された問題を精査，分類，厳選し，全10回のテスト形式に編集しました。さらに，入試難易度によって，準難関校・難関校・最難関校と分類し，それぞれのレベルに応じて，『偏差値60』・『偏差値65』・『偏差値70』の3種類の問題集を用意しています。

　この問題集は，問題編と解答・解説編からなり，第1回から第10回まで，回を重ねるごとに徐々に難しくなるような構成となっています。出題内容は，特におさえておきたい基本的な事柄や，近年の傾向として慣れておきたい出題形式・内容などに注目し，実戦力の向上につながるものにポイントを絞って選びました。さまざまな種類の問題に取り組むことによって，実際の高校入試の出題傾向に慣れてください。そして，繰り返し問題を解くことによって学力を定着させましょう。

　解答・解説は全問に及んでいます。誤答した問題はもちろんのこと，それ以外の問題の解答・解説も確認することで，出題者の意図や入試の傾向を把握することができます。自分の苦手分野や知識が不足している分野を見つけ，それらを克服し，強化していきましょう。

　実際の試験のつもりで取り組み，これからの学習の方向性を探るための目安として，あるいは高校入試のための学習の総仕上げとして活用してください。

☆**問題集の使い方の例**

①指定時間内に，問題を解く

　時間を計り，各回に示されている試験時間内で問題を解いてみましょう。

②解答ページを見て，自己採点する

　1回分を解き終えたら，本書後半の解答ページを見て，採点をしましょう。

　正解した問題は，問題ページの□欄に✔を入れましょう。自信がなかったものの正解できた問題には△を書き入れるなどして，区別してもよいでしょう。

　配点表を見て，合計点を算出し，記入しましょう。

③解説を読む

　特に正解できなかった問題は，理解できるまで解説をよく読みましょう。

　正解した問題でも，より確実な，あるいは効率的な解答の導き方があるかもしれませんので，解説には目を通しましょう。

　うろ覚えだったり知らなかったりした事柄は，ノートにまとめて，しっかり身につけましょう。

④復習する

　問題ページの□欄に✔がつかなかった問題を解き直し，全ての□欄に✔が入るまで繰り返しましょう。

　第10回まですべて終えたら，後日改めて第1回から全問解き直してみるのもよいでしょう。

☆アドバイス

◎試験問題を解き始める前に全問をざっと確認し，指定時間内で解くための時間配分を考えることが大切です。一つの問題に長時間とらわれすぎないようにしましょう。

◎かならずしも①から順に解く必要はありません。見慣れた形式の問題や得意分野の問題から解くなど，自分なりの工夫をしましょう。

◎時間が余ったら，必ず見直しをしましょう。

◎入試問題に出される複雑な計算問題は，工夫すると簡単な計算で処理できるものがあります。まずは工夫することを考えましょう。また，解説を読んで，その工夫の仕方も身につけましょう。

◎文章問題中の計算も同様に，計算の工夫をしましょう。通分や分母の有理化などは，どのタイミングでするのが効率的なのかも，解説を参考にしてみましょう。

◎無理な暗算は避け，ケアレスミスを防ぎましょう。実際の入試問題には，途中式の計算用として使える余白スペースがあることが多いので，それを有効活用できるよう，日ごろから心がけましょう。

◎問題集を解くときは，ノートや計算用紙を用意しましょう。空いているスペースをやみくもに使うのではなく，できる限り整然と，どこに何を記したのかわかるように書いていきましょう。そうすれば，見直しをしたときにケアレスミスも発見しやすくなります。

☆実力判定と今後の取り組み

◎まず第1回から第3回までを時間内にやってみて，解答を見て自己採点してみてください。

◎おおむね30点未満の場合は，先に進むことを一旦やめて，教科書や教科書準拠の問題集などの学習に切り替えることをお勧めします。

◎30点以上60点未満程度で，正答にいたらないにしても，取り組める問題が多い場合には，まずは第3回までの問題について，上記の＜問題集の使い方の例＞に示した方法で，徹底的に学習してから，第4回目以降に進んでいきましょう。

◎60点以上80点未満の場合には，上記の＜問題集の使い方の例＞，＜アドバイス＞を参考に第10回目まで進み，その後，志望する高校の過去問題集に取り組んでみましょう。

◎80点以上の場合には，偏差値58〜63程度の高校の合格点を超えていると判定できます。余裕があったら，「偏差値65」の問題集に取り組んで，さらに学力を高めてみるのもよいでしょう。

☆過去問題集への取り組み

　ひととおり学習が進んだら，志望校の過去問題集に取り組みましょう。国立・私立高校は，学校ごとに問題も出題傾向も異なります。また，公立高校においても，都道府県ごとの問題にそれぞれ特色があります。自分が受ける高校の入試問題を研究し，対策を練ることが重要です。

　一方で，これらの学習は，高校入学後の学習の基にもなりますので，入試が終われば必要ないというものではありません。そのことも忘れずに，取り組んでください。

　頑張りましょう！

出 題 の 分 類

① 数と式
② 方程式
③ 図形と関数・グラフの融合問題

④ 平面図形
⑤ 空間図形

▶ 解 答 ・ 解 説 は P.46

時　　　間：５０分
目標点数：８０点

1回目	/100
2回目	/100
3回目	/100

1　次の各問いに答えなさい。

□　(1)　$(-2)^2+\dfrac{3}{10}\times15-1.5\div(-3^2)$ を計算しなさい。

□　(2)　$\sqrt{18}+\dfrac{2}{\sqrt{2}}-\dfrac{\sqrt{24}}{\sqrt{3}}$ を計算しなさい。

□　(3)　$\dfrac{5x-3y}{6}-\dfrac{2x+y}{3}$ を計算しなさい。

□　(4)　$\{(a^2\times a^3)^2\div a^5\times a^3\}^3$ を計算しなさい。

2　次の各問いに答えなさい。

□　(1)　連立方程式 $\begin{cases} 1-0.3x=0.4y \\ \dfrac{x-3}{6}+\dfrac{y}{4}=0 \end{cases}$ を解きなさい。

□　(2)　2次方程式 $2x^2-14x+a=0$ の解の1つが2であるとき，a の値と，もう1つの解を求めなさい。

□　(3)　$a>0$，$b<0$，$a+b>0$ のとき，①＜②＜③＜④である。①～④に適するものを $\{a,\ b,\ -a,\ -b\}$ からそれぞれ選びなさい。

□ （4）　ある高校の入試で，合格者と不合格者の人数比は3：1，合格者の平均点は70点，不合格者の平均点は62点であった。受験者全体の平均点を求めなさい。

$\boxed{3}$　次の各問いに答えなさい。

□ （1）　大小2つのさいころを投げるとき，出た目の積が偶数となる確率を求めなさい。

□ （2）　1から7までの数字が書いてあるカードが1枚ずつある。この7枚のカードのうちから2枚を引くとき，その2枚のカードの数字の和が偶数になる確率を求めなさい。

$\boxed{4}$　右の図のように，3点O(0, 0)，A(14, 0)，B(6, 8)をとる。四角形CDEFは長方形で，2点C，Dは線分OA上に，2点E，Fは，それぞれ線分AB，線分OB上にある。点Cのx座標をkとするとき，次の各問いに答えなさい。ただし，0<k<6とする。

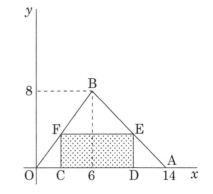

□ （1）　2点A，Bを通る直線の式を求めなさい。

□ （2）　点Eのx座標を，kを用いて表しなさい。

□ （3）　長方形CDEFの面積が21となるようなkの値をすべて求めなさい。

5 次の各問いに答えなさい。

□ (1) 右の図は，半径が1, 2, 4の円からなる図である。このとき，黒く色のついた部分の面積を求めなさい。

□ (2) 右の図は，半径6cmの半円を，点Bを回転の中心として，時計の針と同じ向きに40°だけ回転移動したところである。この移動によって，点Aは点A'に移っているとき，斜線部分の面積を求めなさい。

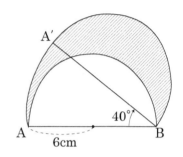

□ (3) 右の図のような点Oを中心とする半径2cmの半円において，斜線部分の面積を求めなさい。

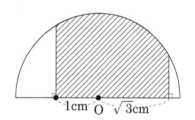

□ (4) 右の図のように，円Oの外の点Aから引いた2本の接線の接点をそれぞれB，Cとする。また，円Oの半径を5とする。中心角が180°より小さいおうぎ形OBCの面積が $\frac{25}{3}\pi$ であるとき，図の斜線部分の面積の合計を求めなさい。

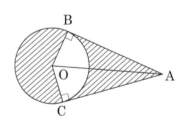

□ （5）　右の図のように，四角形はすべて正方形，
　　　三角形はすべて直角三角形とする。このとき，
　　　正方形A，B，C，Dの面積の和を求めなさい。

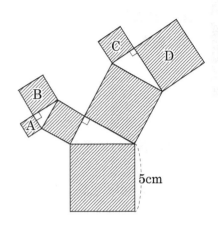

5cm

出 題 の 分 類

| 時　　間：５０分 |
| 目標点数：８０点 |

① 数と式　　　④ 図形と関数・グラフの融合問題
② 方程式　　　⑤ 平面図形
③ 確率

▶ 解 答・解 説 は P.49

1回目	／100
2回目	／100
3回目	／100

① 次の各問いに答えなさい。

□ (1)　$1+6^2 \div 2.4 - \dfrac{11}{5}$ を計算しなさい。

□ (2)　$\dfrac{18}{\sqrt{3}} - \sqrt{8} \times \sqrt{6}$ を計算しなさい。

□ (3)　$(-2a^2b)^3 \div \dfrac{4}{9}a^4b^3 \times \dfrac{2}{3}ab^2$ を計算しなさい。

□ (4)　$(x+y-2)(x+y+2)-(x-y)^2$ を計算しなさい。

② 次の各問いに答えなさい。

□ (1)　連立方程式 $\begin{cases} 3x+2y=47 \\ (x-1):(y+3)=3:8 \end{cases}$ を解きなさい。

□ (2)　$3:x=(3+x):3$ を解きなさい。ただし，$x>0$ とする。

□ (3)　x, y を自然数とするとき，$3x+4y=56$ をみたす x, y の組のうち，x が最小となる組を求めなさい。

☐ （4）　15％の食塩水500gに8％の食塩水を何gか混ぜると，12％の食塩水になった。8％の食塩水を何g混ぜたか求めなさい。

3　次の各問いに答えなさい。

☐ （1）　A君，B君，C君の3人がジャンケンを1回したとき，A君を含む2人が勝つ確率を求めなさい。

☐ （2）　1から6までの数が1つずつ書かれた6枚のカードを用意し，はじめに6枚のカードを左から，書かれている数の小さい順に並べておき，次の操作を1回行う。
<操作>大小2個のさいころを同時に投げる。
2個のさいころの出た目が異なるときは，出た目の数が書かれたカードを入れ替え，出た目が等しいときは，カードは動かさない。このとき，1と書かれたカードが2と書かれたカードと入れ替わる確率を求めなさい。また，1と書かれたカードが動かない確率を求めなさい。

4　下の図のように，放物線$y＝x^2$と直線$y＝x$が点Aで交わっている。また，直線ℓの傾きは－1で，放物線と2点A，Bで交わっている。このとき，次の各問いに答えなさい。

□　(1)　点Aの座標を求めなさい。

□　(2)　直線ℓの式を求めなさい。

□　(3)　△OABの面積を求めなさい。

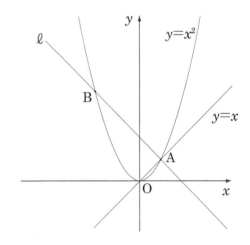

⑤ 次の各問いに答えなさい。

□ (1) 右の図において，点Oは円の中心である。このとき，∠xの大きさを求めなさい。

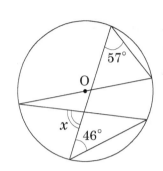

□ (2) 右の図のように，2本の半直線PA，PBは，それぞれ点A，Bで円Oに接している。このとき，∠xの大きさを求めなさい。

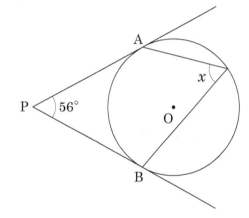

□ (3) 右の図のように，△ABEと△ACDの頂点は円Oの周上にあり，辺ADと辺BEは円Oの直径である。AC⊥BE，∠AEB＝40°のとき，∠xの大きさを求めなさい。

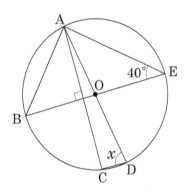

□ (4) 右の図の∠xの大きさを求めなさい。

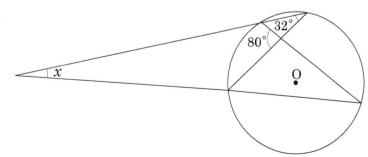

出 題 の 分 類

1　数と式　　　　4　図形と関数・グラフの融合問題

2　方程式　　　　5　平面図形，空間図形

3　確率

▶ 解 答 ・ 解 説 は P.52

時　　間：50分
目標点数：80点

1回目	／100
2回目	／100
3回目	／100

1　次の各問いに答えなさい。

□　(1)　$4+(-2)^3 \times \left(\dfrac{1}{2}\right)^2 \div \left(\dfrac{1}{3}-\dfrac{1}{4}\right)$ を計算しなさい。

□　(2)　$(2a-3b)(2a+3b)-(2a-b)^2$ を展開しなさい。

□　(3)　$x=\sqrt{7}+1$, $y=\sqrt{7}-1$のとき，x^2-y^2 の値を求めなさい。

□　(4)　$(2x^2y^3)^2 \div (-xy^2)^2 = A^2$ となるAの値を求めなさい。

2　次の各問いに答えなさい。

□　(1)　方程式 $5x+3y+1=x-2y-4=x+2$ を解きなさい。

□　(2)　2次方程式 $(x-2)^2-5(x-2)+4=0$ を解きなさい。

□　(3)　$\dfrac{1}{3}x+\dfrac{1}{2}y=3x-\dfrac{5}{6}y$のとき，$x:y$を最も簡単な整数の比で表しなさい。

□　(4)　2けたの整数がある。一の位の数は十の位の数より7だけ大きく，それぞれの位の数に2を足した数の積はこの2けたの整数より12だけ大きくなる。このとき，もとの2けたの整数を求めなさい。

3 次の各問いに答えなさい。

□ (1) 4枚のコインを同時に1回投げる。このとき，少なくとも1枚は表が出る確率を求めなさい。

□ (2) 白玉と黒玉が合わせて8000個入っている箱がある。この箱の中から，無作為に240個の玉を取り出したところ，黒玉が56個入っていた。最初に箱の中に入っていた黒玉の数は，一の位を四捨五入して答えると，およそ何個と推測されるか求めなさい。

4 下の図のように，放物線$y=ax^2$のグラフ上に2点A(2，-2)，Bがあり，x軸と辺ABが平行になるように正方形ABCDをつくる。また，放物線と直線ACとの交点のうち，点Aと異なる点をPとする。このとき，次の各問いに答えなさい。

□ (1) aの値を求めなさい。

□ (2) 点Pの座標を求めなさい。

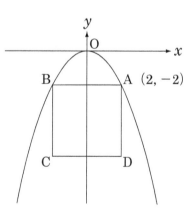

□ (3) 直線ACとy軸との交点をEとし，y軸を軸として，△OEPを回転してできる立体の体積を求めなさい。

5　次の各問いに答えなさい。

(1)　下の図において，線分BD，CDはそれぞれ∠ABC，∠ACBの二等分線である。このとき，∠xの大きさを求めなさい。

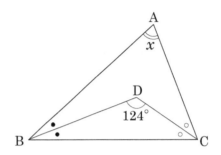

(2)　下の図で∠xと∠yの大きさを求めなさい。ただし，点Oは三角形ABCの外接円の中心とする。

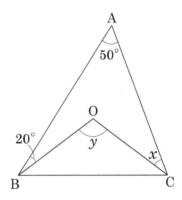

□ （3）　下の図のように，1辺の長さが4cmの立方体ABCD－EFGHがある。点Mは辺AD
　　　の中点であるとき，次の各問いに答えなさい。

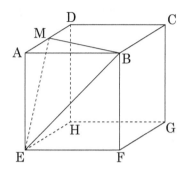

①　BMの長さを求めなさい。

②　△BMEの面積を求めなさい。

③　点Aから△BMEに下ろした垂線の長さを求めなさい。

出 題 の 分 類

1 数と式
2 数と式，方程式
3 確率

4 図形と関数・グラフの融合問題
5 平面図形

▶ 解 答 ・ 解 説 は P.55

時　　　間：50分
目標点数：80点

1回目	/100
2回目	/100
3回目	/100

1　次の各問いに答えなさい。

□　(1)　$\left(17^2 \times 16 - 17 \times 16^2\right) \times \dfrac{1}{17 \times 16}$ を計算しなさい。

□　(2)　$(\sqrt{5} + 1)(\sqrt{5} - 2) + \sqrt{20}$ を計算しなさい。

□　(3)　$4\left(\dfrac{x-3}{4} - \dfrac{5x+3}{6} + 2\right)$ を計算しなさい。

□　(4)　$2x^2 - 6x - 108$ を因数分解しなさい。

2　次の各問いに答えなさい。

□　(1)　等式 $S = \dfrac{1}{2}(a+b)h$ を a について解きなさい。ただし，$h \neq 0$ とする。

□　(2)　2次方程式 $99 = 20x - x^2$ の解のうち，大きい方の数を a，小さい方の数を b とおく。このとき，$a^2b - b^3$ の値を求めなさい。

□　(3)　$\sqrt{7}$ より大きく，$3\sqrt{5}$ より小さい整数は何個あるか求めなさい。

□ （4） ここにいくつかの桃がある。6個ずつの組に分けても，8個ずつの組に分けても，12個ずつの組に分けても3個余った。桃が100個以内のとき，桃は最大で何個あるか求めなさい。

3 4人の男子A，B，C，Dと3人の女子E，F，Gがいる。このとき，次の各問いに答えなさい。

□ （1） 7人の中から2人を選ぶ方法は全部で何通りあるか求めなさい。

□ （2） 男子4人から2人，女子3人から2人の合計4人を選ぶ方法は全部で何通りあるか求めなさい。

4　下の図のように，放物線$y=ax^2$と点A$(0, -2)$がある。この放物線上に点B$(6, 12)$と点Cがあり，点Cのx座標は-3である。このとき，次の各問いに答えなさい。

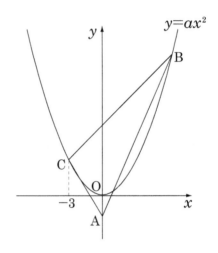

□　（1）　aの値を求めなさい。

□　（2）　2点B，Cを通る直線の方程式を求めなさい。

□　（3）　△ABCの面積を求めなさい。

□　（4）　x軸上に点P$(t, 0)$（ただし，$t>0$）をとる。△PBCと△ABCの面積が等しくなるとき，tの値を求めなさい。

5 次の各問いに答えなさい。

□ (1) 右の図のように，AB＝9cm，BC＝15cmの
平行四辺形ABCDがある。∠ADCの二等分線
と辺BCとの交点をEとする。このとき，△ABE
の面積と△AEDの面積の比を求めなさい。

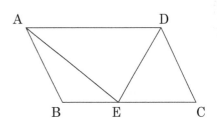

□ (2) 右の図のように，直角三角形ABC
に内接する円Oがある。Oを通り辺AC
に平行な線分と辺AB，BCの交点をそ
れぞれD，Eとするとき，次の各問い
に答えなさい。

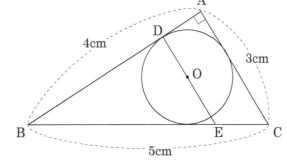

□ ① ADの長さを求めなさい。

□ ② 四角形ADECの面積を求めなさい。

□ (3) 右の図のように，平行四辺形ABCDで，辺AD
上に点E，対角線BD上に点Fを，AE：ED＝3：
1，BF：FD＝3：2となるようにとる。三角形
EFDと四角形ABFEの面積の比を最も簡単な整数
の比で表しなさい。

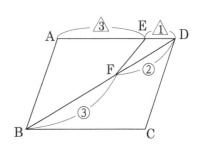

$\boxed{1}$　次の各問いに答えなさい。

□　(1)　$\dfrac{9}{2} \times \left(-\dfrac{1}{3}\right)^3 - \dfrac{1}{3}$ を計算しなさい。

□　(2)　$(\sqrt{3} + \sqrt{2} + 1)(\sqrt{3} - \sqrt{2} + 1)$ を計算しなさい。

□　(3)　$x = -\dfrac{1}{2}$, $y = 9$のとき，$\dfrac{2}{5}x^3y^3 \div \left(-\dfrac{3}{5}x^2y^2\right)$ を計算しなさい。

□　(4)　$x^2 - 2xy - 3y^2 - 3x + 9y$ を因数分解しなさい

$\boxed{2}$　次の各問いに答えなさい。

□　(1)　連立方程式 $\begin{cases} ax - 4by - 2 = 0 \\ x - 3ay + 7b = 0 \end{cases}$ の解が$x = 2$, $y = 1$のとき，aとbの値を求めなさい。

□　(2)　足すと5，かけると2になる2つの数を求めなさい。

□　(3)　$\dfrac{77}{15}x$, $\dfrac{55}{6}x$, $\dfrac{121}{21}x$がすべて正の整数になる分数xのうち，最小のものを求めなさい。

□ （4）　ある店で定価が140円のクッキーAと定価が80円のクッキーBが売られている。クッキーB 1枚の材料費はクッキーA 1枚の材料費の80％である。ある日，クッキーAは500枚，クッキーBは600枚売れ69000円の利益を得た。クッキーA1枚の材料費は何円か求めなさい。

3　下の図のように，A地点からP地点とQ地点を通ってB地点に行く道がそれぞれある。ただし，一度通った地点は二度と通らないものとする。

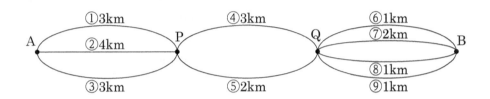

□ （1）　A地点からP地点とQ地点を通り，B地点まで行く方法の中から1通りを選ぶとき，道のりの総距離をNkmとすると，Nが最小となる確率を求めなさい。

□ （2）　Nが偶数となる確率を求めなさい。ただし，道の選び方は同様に確からしいものとする。

4 あるクラスで，数学のテストを行った。下の表は，受験者全員の結果を度数分布表にまとめたものである。これについて，次の各問いに答えなさい。

□ (1) 空欄①，Ⅱ，Ⅲにあてはまる数を求めなさい。

□ (2) 最頻値（モード），中央値（メジアン），平均値をそれぞれ求めなさい。

得点（点）	度数（人）	相対度数
以上　未満		
10～20	2	0.05
20～30	0	0
30～40	①	Ⅱ
40～50	8	0.2
50～60	8	0.2
60～70	10	0.25
70～80	0	0
80～90	Ⅲ	0.1
90～100	2	0.05
合計	40	1

5 右の図の台形ABCDを，直線ℓを軸として1回転させたとき，線分BCを半径とする円の面積は4πである。この回転体について，次の各問いに答えなさい。

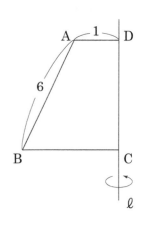

□ （1） 線分BCの長さを求めなさい。

□ （2） この回転体の体積を求めなさい。

□ （3） この回転体の展開図の概形を下の①～⑥から1つ選びなさい。

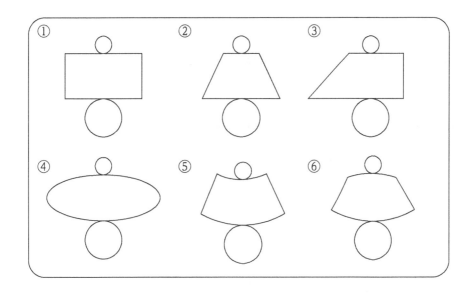

□ （4） この回転体の表面積を求めなさい。

□ （5） この回転体に入る球のうち，体積が最大となる球の半径を求めなさい。

出 題 の 分 類

① 数と式
② 方程式，演算記号
③ 確率

④ 図形と関数・グラフの融合問題
⑤ 平面図形
⑥ 空間図形

▶ 解 答 ・ 解 説 は P.61

① 次の各問いに答えなさい。

□ (1) $\left\{(-2)^2 - \left(\dfrac{1}{2}\right)^2\right\} \times 0.4 \div (-2^2 + 1)$ を計算しなさい。

□ (2) $\sqrt{1\times2\times3\times4\times5\times6\times7\times8\times9}$ を簡単にしなさい。

□ (3) $(2x+1)^2 - (x-5)(2x+1)$ を計算しなさい。

□ (4) $a = 19$, $b = 2$ のとき，$(a+b)^2 - 6(a+b) + 5$ の値を求めなさい。

② 次の各問いに答えなさい。

□ (1) 連立方程式 $\begin{cases} \dfrac{3}{x} - \dfrac{2}{y} = 2 \\ \dfrac{1}{x} + \dfrac{1}{y} = 5 \end{cases}$ を解きなさい。

□ (2) xの2次方程式$x^2 - ax + b = 0$の2つの解をそれぞれ2倍した数が，2次方程式$x^2 - 16x + 28 = 0$の2つの解となる。このとき，定数a，bの値を求めなさい。

□ (3) ≪n≫はnの正の約数のうち素数である数の個数を表すものとする。例えば6の正の約数は1, 2, 3, 6であり，そのうち素数は2, 3だから，≪6≫＝2となる。このとき，≪n≫＝≪360≫を満たす最小の自然数nを求めなさい。

□ (4) $\dfrac{28}{m+3}=7-n$ を満たす自然数$(m，n)$の組をすべて求めなさい。

3 次の各問いに答えなさい。

右の図のような7枚のカードが入っている袋がある。この袋の中からカードを1枚ずつ続けて2枚取り出し，1枚目に取り出したカードの数を十の位，2枚目に取り出したカードの数を一の位とする2けたの整数をつくる。ただし，1枚目に取り出したカードは袋の中に戻さないものとする。このとき，次の各問いに答えなさい。

□ (1) 偶数は全部で何通りできるか求めなさい。

□ (2) 30より大きい整数ができる確率を求めなさい。

□ (3) つくることができる整数を小さい順に並べたとき，45は小さい方から数えて何番目か求めなさい。

4 　下の図において，曲線アは関数$y=\dfrac{1}{2}x^2$のグラフであり，曲線ア上の点でx座標が-2，4である点をそれぞれA，Bとし，線分OBの中点をCとする。また，線分AB上に点Dをとる。このとき，次の各問いに答えなさい。ただし，Oは原点とする。

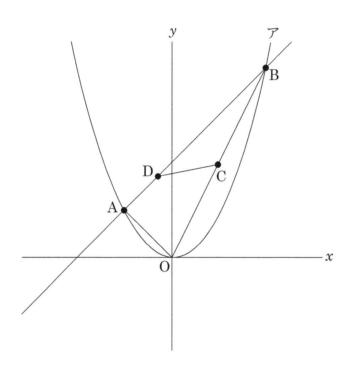

□　（1）　2点A，Bを通る直線の式を求めなさい。

□　（2）　四角形OCDAの面積と△BDCの面積の比が5：3であるとき，点Dの座標を求めなさい。

5　右の図のように，半径1の円6個がそれぞれ隣り合う2つの円と互いに接している。また，その6個すべての円の外側に接する円がある。斜線部分 ▨ の面積を S_1，網線部分 ▦ の面積を S_2 とするとき，次の各問いに答えなさい。

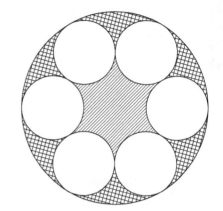

□　(1)　$S_2 + S_1$ を求めなさい。

□　(2)　$S_2 - S_1$ を求めなさい。

6　右の図のように，底面の半径が2cm，母線の長さが6cmの円すいがある。底面の円周上にある点Aから，円すいの側面を1周して元の点Aまで，ひもをゆるまないようにかける。このとき，次の各問いに答えなさい。ただし，円周率を π とする。

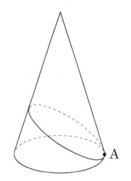

□　(1)　円すいの体積を求めなさい。

□　(2)　ひもの長さが最も短くなるとき，その長さを求めなさい。

□　(3)　(2)でかけたひもに沿って円すいを切断したとき，底面を含む方の立体の表面積から，切断面の面積を除いた面積を求めなさい。

出 題 の 分 類

① 数と式，規則性	④ 図形と関数・グラフの融合問題
② 数と式，規則性	⑤ 平面図形
③ 確率	

▶ 解 答 ・ 解 説 は P.64

時　　　間：５０分	
目標点数：８０点	

1回目	╱100
2回目	╱100
3回目	╱100

① 次の各問いに答えなさい。

□ (1) $\dfrac{601 \times 599 - 501 \times 499}{10000}$ を計算しなさい。

□ (2) 下のように，ある規則性に基づいて整数が並んでいるとき，左から40番目の数を求めなさい。

　　3，11，19，27，…

□ (3) $(1 - \sqrt{2} + \sqrt{3})^2 - \sqrt{3}(2 - 2\sqrt{2})$ を計算しなさい。

□ (4) $4x^3 - 9xy^2$ を因数分解しなさい。

② 次の各問いに答えなさい。

□ (1) 1から1000までの自然数のうち，正の約数を3つもつような数の個数を求めなさい。

□ (2) $a^2 + 4a + 2 = 0$のとき，$a^4 + 4a^3 + 6a^2 + 16a + 12$ の値を求めなさい。

□ (3) $(x^3)^2 \div (x \div x^n)$ を計算するとx^8となるnの値を求めなさい。

□ (4) 下の数は左からある規則に従って並んでいる。左から数えて21番目の数を求めなさい。また，この数の並びの中で，2回目に8が現れるのは左から数えて何番目の数か求めなさい。

   1, 1, 2, 1, 2, 3, 1, 2, 3, 4, 1, …

$\boxed{3}$ 袋の中に，1から10までの数字を1つずつ書いた10枚のカードが入っている。この袋の中から同時に2枚のカードを取り出し，その2枚のカードに書かれた数字をかけ合わせた数をnとする。このとき，次の各問いに答えなさい。

□ (1) nが奇数となる確率を求めなさい。

□ (2) $\sqrt{\dfrac{540}{n}}$ が自然数となる確率を求めなさい。

□ (3) nの正の約数の個数が4個となる確率を求めなさい。

④　下の図のように，関数$y=x^2$を動く2点P，S，関数$y=-\dfrac{1}{2}x^2$上を動く2点Q，Rがあり，これらの4点は，P，O，Rが一直線，Q，O，Sが一直線であり，OP：OR＝1：2，点Pと点Qのx座標は等しくなるように動く。ただし，点Pのx座標は正とする。また，座標軸の単位の長さは1cmとする。このとき，次の各問いに答えなさい。分数は最も簡単な形で答えなさい。

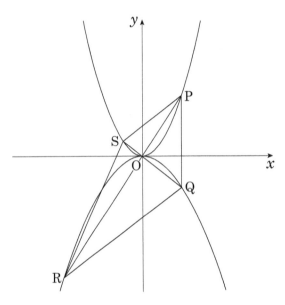

（1）　点Pのx座標が2である場合

☐　　①　PQの長さを求めなさい。

☐　　②　点Rのy座標を求めなさい。

☐　　③　点Sの座標を求めなさい。

☐　（2）　線分PQの長さが3cmである場合
　　　　　点Pのx座標を求めなさい。

☐　（3）　点Qの位置にかかわらず，OS：OQ＝1：2となる。
　　　　　直線PQとSRの交点が，直線$x+\dfrac{2}{5}y=1$上にある場合，点Pのx座標を求めなさい。

5　下の図のような△ABCがある。ただし，AB＝7cm，BC＝9cm，AC＝5cmである。
∠Aの二等分線と辺BCの交点をEとする。また，頂点Cより線分AEと垂直になるように
ひいた直線と線分AEとの交点をH，辺ABとの交点をDとする。また，辺BCの中点をOと
し，線分AOと線分CDの交点をPとする。このとき，次の各問いに答えなさい。分数は最
も簡単な形で答えなさい。

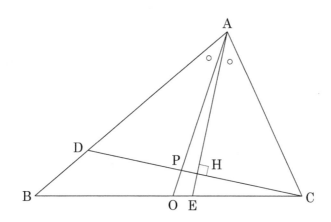

□　（1）　線分HOの長さを求めなさい。

□　（2）　線分OEの長さを求めなさい。

□　（3）　線分EPの長さを求めなさい。

□　（4）　△OPEの面積は△ABCの面積の何倍か求めなさい。

第8回

出題の分類

1 数と式	4 図形と関数・グラフの融合問題
2 数と式，演算記号	5 平面図形
3 確率	

時　　間	50分
目標点数	80点
1回目	/100
2回目	/100
3回目	/100

▶解答・解説はP.68

1 次の各問いに答えなさい。

□ (1)　$20^2-19^2+18^2-17^2+16^2-15^2+14^2-13^2+12^2-11^2+10^2-9^2+8^2-7^2+6^2-5^2+4^2-3^2+2^2-1^2$ を計算しなさい。

□ (2)　$(\sqrt{3}+3\sqrt{2})(6\sqrt{2}-2\sqrt{3})\div\dfrac{2\sqrt{5}}{\sqrt{10}}$ を計算しなさい。

□ (3)　$(\sqrt{2}-1)^{2019}(3\sqrt{2}-4)^4(\sqrt{2}+1)^{2019}(2\sqrt{2}+3)^4$ を計算しなさい。

□ (4)　a^2-b^2-a+b を因数分解しなさい。

2 次の各問いに答えなさい。

□ (1)　下の①～⑦のうち，正しいもの2つを選び，番号で答えなさい。

① $\sqrt{25}$を簡単にすると，±5である。
② $\sqrt{25}$を簡単にすると，5である。
③ $\sqrt{25}$を簡単にすると，625である。
④ $\sqrt{25}$の平方根は，±5である。
⑤ $\sqrt{25}$の平方根は，5である。
⑥ $\sqrt{25}$の平方根は，$\pm\sqrt{5}$である。
⑦ $\sqrt{25}$の平方根は，$\sqrt{5}$である。

□ (2) nを自然数とする。$\sqrt{4x+1}=2n+1$を満たすxを小さい方から順に4個求めなさい。

□ (3) aをbで割った余りに5を加えた数を$a\triangle b$と表す。
このとき，$\{(17\triangle 6)\triangle 3\}\times 2-(32\triangle 13)\div(35\triangle 18)$ を計算しなさい。

□ (4) 右の図の時計は，長針が1分ごとに6°ずつ時計回りに動く。また，短針は12分ごとに6°ずつ時計回りに動く。この時計が，2：36を示しているとき，長針と短針でできる角xを求めなさい。ただし，xは180°より小さいものとする。

3 右の図のような10枚のカードが入っている袋がある。この袋の中からカードを1枚取り出し，取り出したカードに書かれた数字を調べてから袋の中に戻し，さらにもう1枚取り出す。

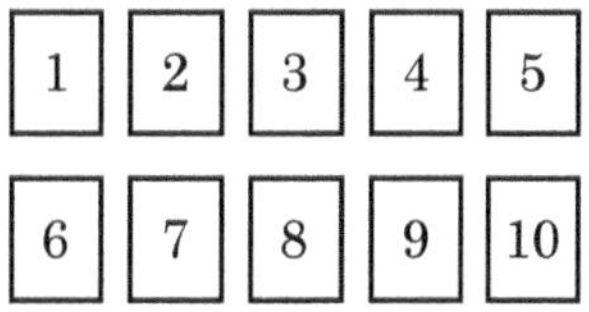

| 1 | 2 | 3 | 4 | 5 |
| 6 | 7 | 8 | 9 | 10 |

それぞれ取り出したカードに書かれた数字が2の倍数のときは2点，3の倍数のときは3点，2の倍数でも3の倍数でもあるときは5点，それ以外のときは0点とし，2回の得点の合計を最終得点とする。このとき，次の各問いに答えなさい。

□ (1) 1枚目のカードを取り出したとき，得点が2点となる場合は，全部で何通りあるか求めなさい。

□ (2) 最終得点が0点となる確率を求めなさい。

□ (3) 最終得点が5点となる確率を求めなさい。

4　下の図のように，半径2cmの円上に，4点A，B，C，Dがある。さらに，放物線$y=ax^2$は円と2点B，Cで交わり，直線ACとは2点C，Eで交わっているとする。また，△OCDは正三角形である。このとき，次の各問いに答えなさい。根号の中は最も小さな整数の形で表し，分数は最も簡単な形で答えなさい。

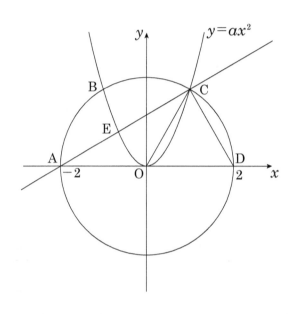

□　(1)　点Cの座標を求めなさい。

□　(2)　aの値を求めなさい。また，直線ACの方程式を求めなさい。

□　(3)　直線OBと円との交点のうちBでない方の点をFとする。このとき，△ACFの面積を求めなさい。

□　(4)　直線BFを軸として，円Oを回転してできる球の体積をV_1とし，四角形ABCFを回転してできる回転体の体積をV_2とする。このとき，$V_1 : V_2$の比を求めなさい。ただし，比は最も簡単な整数比で答えること。

5 下の図のように，線分OXに接する3つの円P，Q，Rが，点L，Mで接している。線分OXと円P，Q，Rとの接点をそれぞれS，T，Uとし，点L，Q，Mは線分PR上にある。このとき，次の各問いに答えなさい。

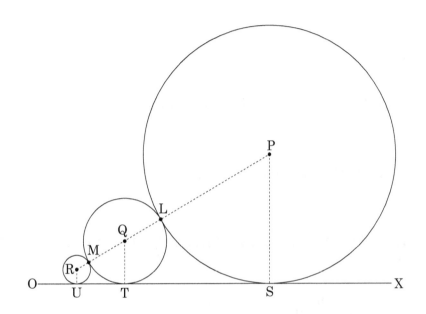

(1) 円P，Qの半径をそれぞれ6，2とし，点Qから線分PSへ下ろした垂線と線分PSとの交点をHとするとき，次の各問いに答えなさい。

□ ① 線分PQの長さを求めなさい。

□ ② 線分QHの長さを求めなさい。

□ ③ △STLの面積を求めなさい。

□ (2) 円P，Rの半径をそれぞれ21，3とするとき，円Qの半径を求めなさい。

第9回

出題の分類

1 数と式
2 方程式, 平方根, 数列, 平均
3 数列, 確率
4 図形と関数・グラフの融合問題
5 平面図形
6 空間図形

▶解答・解説はP.71

時間：50分
目標点数：80点

1回目	/100
2回目	/100
3回目	/100

1 次の各問いに答えなさい。

□ (1) $2017^2-6\times2017\times672+9\times672^2$ を計算しなさい。

□ (2) $a=1+\sqrt{5}$, $b=1-\sqrt{5}$ のとき $\dfrac{1}{a}+\dfrac{1}{b}$ を計算しなさい。

(3) 分数は，分子÷分母で計算できる。例えば，$\dfrac{1}{2}$は$1\div2=0.5$である。次の□にあてはまる値を求めなさい。

□ ① よって，$\dfrac{6}{1+\dfrac{1}{2}}=\dfrac{6}{\dfrac{3}{2}}=6\div\dfrac{3}{2}=\square$であり，

□ ② $1+\dfrac{1}{1+\dfrac{1}{1+\dfrac{1}{2}}}=\dfrac{\square}{\square}$である。

□ ③ また，$1+\dfrac{1}{2+\dfrac{1}{a+\dfrac{1}{b}}}=\dfrac{43}{30}$であるならば，$a=\square$，$b=\square$である。

ただし，a，bは自然数とする。

2 次の各問いに答えなさい。

□ (1) 連立方程式 $\begin{cases} x+y=1 \\ y+z=-2 \\ z+x=2 \end{cases}$ を解きなさい。

□ (2) $\sqrt{\dfrac{3a}{8}}$ が自然数になるような，2ケタの自然数aをすべて求めなさい。

□ (3) 0, 1, 2, 3, 10, 11, 12, 13, 20, 21, 22, …のようにして，0, 1, 2, 3の4種類の数字のみを使って0以上の整数をつくり小さい順に並べる。このとき，初めて3ケタの整数が現れるのは何番目か求めなさい。また，70番目の整数を求めなさい。

□ (4) 男子12人，女子18人のクラスで100点満点の試験を行ったところ，男子の平均点より女子の平均点の方が5点高く，クラス全体の平均点は50点であった。このとき，女子の平均点を求めなさい。

3 次の各問いに答えなさい。

□ (1) 右の図のように，自然数を記入したカードを1行目に1枚，2行目に3枚，3行目に5枚，…と左から順に並べていく。このとき，9行目の中央のカードに記入してある数を求めなさい。

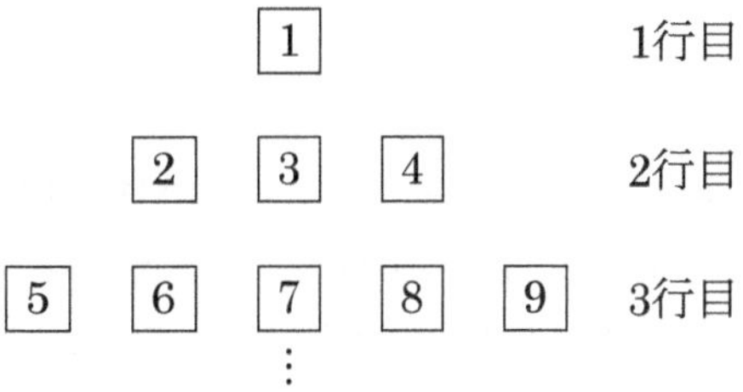

1				1行目
2	3	4		2行目
5 6 7 8 9				3行目
⋮				

□ (2) 下の図のように，A，B，C，Dと書いてある4つの箱と，a，b，c，dと書いてある4枚のカードがあり，カードをそれぞれの箱に1枚ずつ入れる。このとき，カードの入れ方は何通りあるか求めなさい。また，どの箱についても，箱とカードに書いてあるアルファベットが一致しない確率を求めなさい。

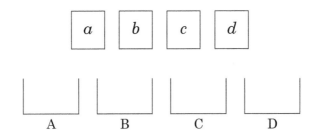

4 右の図のように，関数 $y＝x^2$ のグラフ上に，2点A，Bが
あり，その x 座標はそれぞれ−1，3である。また，直線 ℓ
は関数 $y＝x＋10$ のグラフで，直線 ℓ と y 軸との交点をCと
する。さらに，点Pは直線 ℓ 上を動く点である。このとき，
次の各問いに答えなさい。ただし，点Pの x 座標は負である
ものとする。

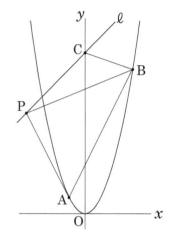

□ （1） 点Pの x 座標が−3のとき，△BCPの面積を求めな
さい。

□ （2） 点Pの x 座標が−1のとき，3点P，A，Bを通る円の直径を求めなさい

□ （3） △BAPと△BCPの面積の比が2：1となるとき，直線BPの式を求めなさい。

5 右の図のように，∠EAB＝30°，∠ECD＝45°，
AE＝2，BE＝EDとなる図形がある。また，4点A，
B，C，Dが同一円周上にあるとき，次の各問いに
答えなさい。

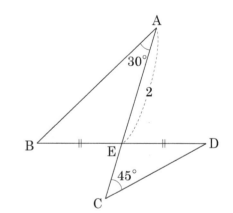

□ （1） ∠ABEの大きさを求めなさい。

□ （2） 線分ABの長さを求めなさい

□ （3） 線分CDの長さを求めなさい。

6 　右の図のように，AB＝12cmを直径とする球Oがある。また，線分ABを1つの対角線とする正方形APBQを底面とし，頂点Rが球Oの表面上にある正四角すいR－APBQがある。線分APの中点をMとし，直線RMと球Oの表面との交点のうち，点Rと異なる点をSとする。このとき，次の各問いに答えなさい。ただし，円周率はπとする。

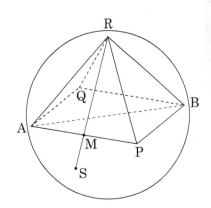

□ 　(1) 　球Oの体積を求めなさい。

□ 　(2) 　正四角すいR－APBQの表面積を求めなさい

□ 　(3) 　RSの長さを求めなさい。

出 題 の 分 類

① 数と式　　　　④ 図形と関数・グラフの融合問題

② 数と式　　　　⑤ 平面図形

③ 確率　　　　　⑥ 空間図形

▶ 解 答 ・ 解 説 は P.75

時　　間：50分
目標点数：80点

1回目	/100
2回目	/100
3回目	/100

1　次の各問いに答えなさい。

□　(1)　$\dfrac{1}{3}+\dfrac{1}{15}+\dfrac{1}{35}+\dfrac{1}{63}+\dfrac{1}{99}$ を計算しなさい。

□　(2)　$\sqrt{3}=1.732\cdots\cdots$ であるから，$\sqrt{3}$ の整数部分は1である。$\sqrt{27}$の整数部分と$\sqrt{2017}$の整数部分の値を求めなさい。

2　次の各問いに答えなさい。

□　(1)　$x+y=2$，$xy=5$のとき，$\dfrac{1}{x^2}+\dfrac{1}{y^2}$ を求めなさい。

□　(2)　方程式$xy-2x-y+2=0$について，yにどのような値を代入しても，この等式が成り立つとき，xの値を求めなさい。

□　(3)　$18a$と84の最小公倍数が1260となるようなaのうち，最小のaを求めなさい。

□　(4)　5時を過ぎてから，時計の長針と短針の間の角度がはじめて50°になるのは何時何分か求めなさい。

3　右の図のような円周を6等分する点をA，B，C，D，E，F
とする。XさんとYさんは，さいころ2個とコイン1枚，駒2個
（駒a，駒b），1から6までの整数が記入された6枚のくじを使用
して，下記のルールにしたがってゲームをした。
＊駒a，bは各点A〜F上を進めるものとする＊

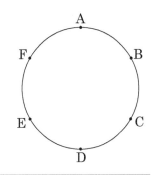

ルール
《駒aの動き》
　1個目のさいころを振り，出た目の数だけ点Aから時計回りに駒aを進める。次に2
個目のさいころを振り，出た目の数だけ，1個目のさいころで進んだ駒aの点の位置
から反時計回りに駒aを進める。
《駒bの動き》
　コインを1回投げ，その後にくじを引き，コインの表が出たら点Aから反時計回り
に駒bをくじの数だけ進め，コインの裏が出たら点Aから時計回りに駒bをくじの数
だけ進める。

＊このルールにしたがってゲームを行ったとき，駒a，駒bが止まった点と，点Aを結ん
　でできる図形を考える＊
〈例〉《駒aの動き》さいころ1個目が2，さいころ2個目が1
　　　　⇒駒aを点Aから時計回りに2個進め（点C），さらに点Cから反時計回りに1個進め
　　　　る（点B）。
　　　《駒bの動き》コインが表，くじが2
　　　　⇒駒bを点Aから反時計回りに2個進める（点E）。
点Aと点Bと点Eを線で結んだ図形を考える。
次の各問いに答えなさい。

□　(1)　正三角形になるものを次のうちから選び，番号で答えなさい。
　　①　さいころ1個目⇒4　　さいころ2個目⇒1
　　　　コイン⇒裏　　くじ⇒2
　　②　さいころ1個目⇒3　　さいころ2個目⇒3
　　　　コイン⇒裏　　くじ⇒3
　　③　さいころ1個目⇒1　　さいころ2個目⇒5
　　　　コイン⇒表　　くじ⇒2
　　④　さいころ1個目⇒3　　さいころ2個目⇒2
　　　　コイン⇒表　　くじ⇒1
　　⑤　さいころ1個目⇒6　　さいころ2個目⇒3
　　　　コイン⇒裏　　くじ⇒4

□ （2）　直角三角形になる確率を求めなさい。

□ （3）　さらにルールを追加して，ゲームをしてできた図形が，正三角形の場合は4点，直角三角形の場合は2点，他の図形の時は0点とする。Yさんの勝つ確率を求めなさい。

4　右の図のように$y=\dfrac{\sqrt{3}}{x}$があり，点Pのx座標は1，点Qのx座標は3である。2点O，Pを通る直線を$y=ax$とし，2点P，Qを通る直線を$y=bx+c$とする。直線$y=bx+c$とx軸との交点をRとするとき，次の各問いに答えなさい。

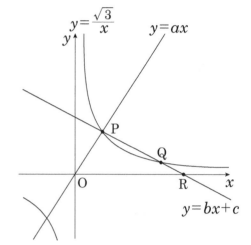

□ （1）　a，b，cの値を求めなさい。

□ （2）　△OPRの面積を求めなさい。

□ （3）　∠PORの大きさを求めなさい。また，△OPRを直線$y=bx+c$の回りに1回転してでき上がる回転体の体積を求めなさい。

5　下の図1の四面体ABCDの展開図は，図2のような1辺の長さが6の正方形AEBFとなる。このとき，次の各問いに答えなさい。

図1

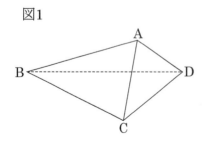

図2

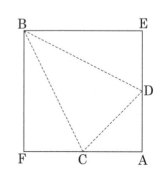

□　(1)　四面体ABCDの体積を求めなさい。

□　(2)　頂点Aと平面BCDとの距離を求めなさい。

□　(3)　四面体ABCDの内部にあり，4つの面すべてに接する球の半径を求めなさい。

6　下の図のように，1辺の長さが6の正三角形ABCに内接する円をO_1，円O_1に外接し辺AB，ACに接する円をO_2，2つの円O_1，O_2に外接し辺ABに接する円をOとする。また，円O_1，O_2，Oの半径をr_1，r_2，rとし，各円の中心から辺ABへ下ろした垂線と辺ABの交点をH_1，H_2，Hとする。このとき，次の各問いに答えなさい。

□　(1)　r_1，r_2の長さをそれぞれ求めなさい。

□　(2)　$H_2H=x$，$HH_1=y$とおくと，$x+y=$①であり，$x^2=$②r，$y^2=$③rとなるので$xy=$④rである。○にあてはまる値をそれぞれ求めなさい。

□　(3)　(2)より$(x+y)^2=$⑤であり，展開公式$(x+y)^2=x^2+2xy+y^2$より，$r=$⑥である。○にあてはまる値をそれぞれ求めなさい。

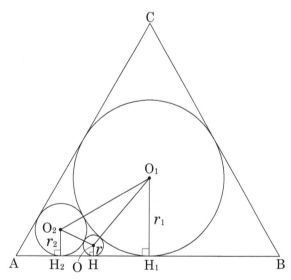

解　答

1 (1) $\dfrac{26}{3}$　(2) $2\sqrt{2}$　(3) $\dfrac{x-5y}{6}$　(4) a^{24}

2 (1) $x=6,\ y=-2$　(2) $a=20,\ x=5$　(3) ① $-a$　② b
③ $-b$　④ a　(4) 68(点)

3 (1) $\dfrac{3}{4}$　(2) $\dfrac{3}{7}$

4 (1) $y=-x+14$　(2) $x=14-\dfrac{4}{3}k$　(3) $\dfrac{9}{2},\ \dfrac{3}{2}$

5 (1) 13π　(2) $16\pi\,(\text{cm}^2)$　(3) $\sqrt{3}+\pi\,(\text{cm}^2)$
(4) $25\sqrt{3}+\dfrac{25}{3}\pi$　(5) $25\,(\text{cm}^2)$

配点　1・2　各5点×8(2(1)〜(3)各完答)　　3〜5　各6点×10(4(3)完答)
計100点

解　説

1 (式の計算，指数)

(1) $(-2)^2+\dfrac{3}{10}\times15-1.5\div(-3^2)=4+\dfrac{9}{2}-\dfrac{3}{2}\div(-9)=4+\dfrac{9}{2}-\dfrac{3}{2}\times\left(-\dfrac{1}{9}\right)=4+\dfrac{9}{2}+\dfrac{1}{6}=$
$\dfrac{24+27+1}{6}=\dfrac{52}{6}=\dfrac{26}{3}$

(2) $\sqrt{18}+\dfrac{2}{\sqrt{2}}-\dfrac{\sqrt{24}}{\sqrt{3}}=3\sqrt{2}+\sqrt{2}-\sqrt{8}=3\sqrt{2}+\sqrt{2}-2\sqrt{2}=2\sqrt{2}$

(3) $\dfrac{5x-3y}{6}-\dfrac{2x+y}{3}=\dfrac{5x-3y-2(2x+y)}{6}=\dfrac{5x-3y-4x-2y}{6}=\dfrac{x-5y}{6}$

(4) $\{(a^2\times a^3)^2\div a^5\times a^3\}^3=\left(a^{10}\times\dfrac{1}{a^5}\times a^3\right)^3=(a^8)^3=a^{24}$

2 (方程式，不等式，数の性質，平均)

(1) $1-0.3x=0.4y$の両辺を10倍して，$10-3x=4y$　　$3x+4y=10\cdots$①　　$\dfrac{x-3}{6}+\dfrac{y}{4}=0$の
両辺を12倍して，$2(x-3)+3y=0$　　$2x-6+3y=0$　　$2x+3y=6\cdots$②　　②×3−①×2
から，$y=-2$　これを②に代入して，$2x+3\times(-2)=6$　　$2x-6=6$　　$2x=12$　　$x=6$

(2) $2x^2-14x+a=0$に$x=2$を代入して，$2\times2^2-14\times2+a=0$　　$a=28-8=20$　このと
き，もとの2次方程式は，$2x^2-14x+20=0$　　$x^2-7x+10=0$　　$(x-2)(x-5)=0$

$x=2$, 5　　よって，もう1つの解は，$x=5$

(3)　$-a$とbは負の数である。$b-(-a)=b+a>0$，つまり，bの方が$-a$より大きい。aと$-b$は正の数である。$a-(-b)=a+b>0$，つまり，aの方が$(-b)$より大きい。したがって，$-a<b<-b<a$である。

(4)　合格者を$3a$人，不合格者をa人とすると，$\dfrac{70\times3a+62\times a}{3a+a}=\dfrac{272a}{4a}=68$(点)

③　(確率)

(1)　さいころの目の出方の総数は，$6\times6=36$(通り)　　このうち，2つの出た目の積が偶数となるのは，(大，小)＝(1, 1)，(1, 3)，(1, 5)，(3, 1)，(3, 3)，(3, 5)，(5, 1)，(5, 3)，(5, 5)の9通りの場合以外の27通りだから，求める確率は，$\dfrac{27}{36}=\dfrac{3}{4}$

(2)　7枚のカードから2枚のカードのひき方は，$7\times6\div2=21$(通り)　　その中で，和が偶数になるのは，(1, 3)，(1, 5)，(1, 7)，(2, 4)，(2, 6)，(3, 5)，(3, 7)，(4, 6)，(5, 7)の9通り。よって，その確率は，$\dfrac{9}{21}=\dfrac{3}{7}$

④　(直線の式，座標，面積)

(1)　直線ABの式を$y=ax+b$とおくと，2点A，Bを通るから，$0=14a+b$…①　　$8=6a+b$…②　　この連立方程式を解いて，$a=-1$，$b=14$　　よって，$y=-x+14$

(2)　直線OBの式は，傾き$\dfrac{8-0}{6-0}=\dfrac{4}{3}$より，$y=\dfrac{4}{3}x$　　よって，点Fの座標は$\left(k,\ \dfrac{4}{3}k\right)$　　点Eのy座標も$\dfrac{4}{3}k$だから，$y=-x+14$に$y=\dfrac{4}{3}k$を代入して，$\dfrac{4}{3}k=-x+14$　　$x=14-\dfrac{4}{3}k$

(3)　長方形CDEF＝CF×EF$=\dfrac{4}{3}k\times\left(14-\dfrac{4}{3}k-k\right)=\dfrac{56}{3}k-\dfrac{28}{9}k^2$　　よって，$\dfrac{56}{3}k-\dfrac{28}{9}k^2=21$　　$4k^2-24k+27=0$　　$k^2-6k=-\dfrac{27}{4}$　　$(k-3)^2=-\dfrac{27}{4}+9$　　$k-3=\pm\dfrac{3}{2}$　　$k=3\pm\dfrac{3}{2}=\dfrac{9}{2},\ \dfrac{3}{2}$

⑤　(円，おうぎ形，中心角，三平方の定理)

(1)　半径4の円の面積は$4^2\times\pi=16\pi$，半径2の円の面積は$2^2\times\pi=4\pi$，半径1の円の面積は$1^2\times\pi=\pi$と表せる。したがって，この図形の面積は，$16\pi-4\pi+\pi=13\pi$

(2)　斜線部分の面積は，(斜線部分の面積)＝(おうぎ形BAA′の面積)＋(A′Bが直径の半円の面積)－(ABが直径の半円の面積)として求められるが，A′Bが直径の半円とABが直径の半円は合同な形なので，実際には(斜線部分の面積)＝(おうぎ形BAA′の面積)となる。よって，斜線部分の面積は，$12\times12\times\pi\times\dfrac{40}{360}=16\pi$(cm²)

(3)　次ページの図のように，点A，B，C，Dをおく。OA＝OC＝2　　△OAB，△OCDでそれぞれ三平方の定理を用いると，AB$=\sqrt{OA^2-OB^2}=\sqrt{3}$，CD$=\sqrt{OC^2-OD^2}=1$　　よって，

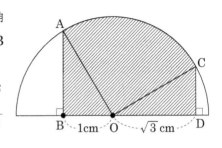

△AOB，△OCDは共に3辺の比が$2：1：\sqrt{3}$ の直角三角形だから，内角の大きさが30°，60°，90°である。∠AOB＝60°，∠COD＝30°であることから，∠AOC＝90° したがって，斜線部分の面積は，△ABO＋△ODC＋（おうぎ形OAC）＝$\frac{1}{2}×1×\sqrt{3}+\frac{1}{2}×\sqrt{3}×1+\pi×2^2×\frac{90}{360}$ ＝$\sqrt{3}+\pi$ (cm²)

(4) 中心角が180°より小さいおうぎ形の中心角をxとすると，$5×5×\pi×\frac{x}{360}=\frac{25}{3}\pi$ $x=360×\frac{25}{3}\pi×\frac{1}{25\pi}=120$ AO共通，OB＝OC，∠OBA＝∠OCA＝90°より△ABO≡△ACOなので，∠AOB＝∠AOC＝$120°×\frac{1}{2}$＝60°である。△ABOで∠OAB＝180°－90°－60°＝30° △ABOは30°，60°，90°の角をもつ，辺の比$1：2：\sqrt{3}$ の直角三角形なので，AB＝OB×$\sqrt{3}$＝$5\sqrt{3}$ 斜線部分の面積は，中心角360°－120°＝240°のおうぎ形と2つの三角形の面積の和から，中心角120°のおうぎ形を引いたものなので，$5×5×\pi×\frac{240}{360}+\frac{1}{2}×$ $5×5\sqrt{3}×2-\frac{25}{3}\pi=25\sqrt{3}+\frac{25}{3}\pi$

(5) 右図で，△PQRは直角三角形だから，三平方の定理を用いると，$PQ^2+PR^2=QR^2$ PQ^2は正方形Aの1辺の2乗なので，正方形Aの面積を表している。PR^2，QR^2もそれぞれ正方形Bの面積，正方形Eの面積を表しているので，（正方形A）＋（正方形B）＝（正方形E）…① 同様に，（正方形C）＋（正方形D）＝（正方形F）…② （正方形E）＋（正方形F）＝（正方形G）…③ ①，②を③に代入すると，（正方形A）＋（正方形B）＋（正方形C）＋（正方形D）＝（正方形G）＝5^2＝25(cm²)

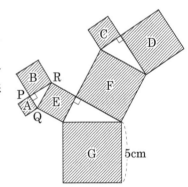

解　答

1　(1) $\dfrac{69}{5}$　　(2) $2\sqrt{3}$　　(3) $-12a^3b^2$　　(4) $4xy-4$

2　(1) $x=7$, $y=13$　　(2) $x=\dfrac{-3+3\sqrt{5}}{2}$

　　(3) $x=4$, $y=11$　　(4) 375g

3　(1) $\dfrac{2}{9}$　　(2) （カードが入れ替わる確率） $\dfrac{1}{18}$　　（カードが動かない確率） $\dfrac{13}{18}$

4　(1) A$(1, 1)$　　(2) $y=-x+2$　　(3) 3

5　(1) $79°$　　(2) $62°$　　(3) $80°$　　(4) $16°$

配点　1　各5点×4　　2　(1)・(2)　各6点×2((1)完答)

　　　(3)・(4)　各7点×2((3)完答)　　3～5　各6点×9(3(2)各3点×2)

　　　計100点

解　説

1　(式の計算，式の展開)

(1) $1+6^2\div2.4-\dfrac{11}{5}=1+36\div2.4-\dfrac{11}{5}=1+15-\dfrac{11}{5}=16-\dfrac{11}{5}=\dfrac{80}{5}-\dfrac{11}{5}=\dfrac{69}{5}$

(2) $\dfrac{18}{\sqrt{3}}-\sqrt{8}\times\sqrt{6}=\dfrac{18\sqrt{3}}{3}-\sqrt{48}=6\sqrt{3}-4\sqrt{3}=2\sqrt{3}$

(3) $(-2a^2b)^3\div\dfrac{4}{9}a^4b^3\times\dfrac{2}{3}ab^2=-8a^6b^3\times\dfrac{9}{4a^4b^3}\times\dfrac{2ab^2}{3}=-12a^3b^2$

(4) $x+y=$Aとおくと，$(x+y-2)(x+y+2)-(x-y)^2=($A$+2)($A$-2)-(x-y)^2=$A$^2-4-(x-y)^2$　　もとに戻すと，$(x+y)^2-4-(x-y)^2=x^2+2xy+y^2-4-x^2+2xy-y^2=4xy-4$

2　(連立方程式，比，自然数，食塩水)

(1) $3x+2y=47\cdots$①　　$(x-1):(y+3)=3:8$　　$8(x-1)=3(y+3)$　　$8x-8=3y+9$　　$8x-3y=17\cdots$②　　$9x+6y=141\cdots$①$\times3$　　$16x-6y=34\cdots$②$\times2$　　②$\times2+$①$\times3$より，$25x=175$　　$x=7$　　①に代入すると，$21+2y=47$　　$2y=26$　　$y=13$

(2) $3:x=(3+x):3$　　両辺の比の値を求めると，$\dfrac{3}{x}=\dfrac{3+x}{3}$　　両辺を$3x$倍して，$9=3x$

49

$+x^2$　$x^2+3x-9=0$　2次方程式の解の公式を用いると，$x=\dfrac{-3\pm\sqrt{3^2-4\times1\times(-9)}}{1\times2}=$
$\dfrac{-3\pm\sqrt{45}}{2}=\dfrac{-3\pm3\sqrt5}{2}$　$x>0$なので，$x=\dfrac{-3+3\sqrt5}{2}$

(3)　$3x+4y=56$を変形して$x=\dfrac{56-4y}{3}$　xが自然数であることから$\dfrac{56-4y}{3}>0$　$56-4y$
>0　$y<14$となり，yは最大13の自然数である。また，式の形より，yが大きいほど
xが小さくなる。$y=13$のとき，$x=\dfrac{56-52}{3}=\dfrac43$となり，$x$が自然数にならない。$y=12$のと
き，$x=\dfrac{56-48}{3}=\dfrac83$となり，これも自然数にならない。$y=11$のとき，$x=\dfrac{56-44}{3}=\dfrac{12}{3}=4$
となり，これが最小のxである。よって，$(x,\ y)=(4,\ 11)$

(4)　8%の食塩水の重さをx(g)とすると，食塩水に含まれる食塩の重さについて，$500\times\dfrac{15}{100}$
$+x\times\dfrac{8}{100}=(500+x)\times\dfrac{12}{100}$　両辺を100倍して$500\times15+8x=500\times12+12x$　$12x$
$-8x=500\times15-500\times12$　$4x=500\times(15-12)$　$x=125\times3$　$x=375$　よって，
375g混ぜた。

$\boxed{3}$　（確率）

(1)　3人のジャンケンの出し方は，それぞれに3通りずつあるので，$3^3=27$（通り）　A君と
B君が勝ってC君が負ける場合が3通りあり，A君とC君が勝ってB君が負ける場合が3通りあ
るので，A君を含む2人が勝つ確率は，$\dfrac{6}{27}=\dfrac29$

(2)　1と書かれたカードと2と書かれたカードが入れ替わる組み合わせは$(1,\ 2)$，$(2,\ 1)$の2
通りである。全ての組み合わせは$6^2=36$（通り）なので，確率は，$\dfrac{2}{36}=\dfrac{1}{18}$　1が動く組み
合わせは$(1,\ 2)$，$(2,\ 1)$，$(1,\ 3)$，$(3,\ 1)$，$(1,\ 4)$，$(4,\ 1)$，$(1,\ 5)$，$(5,\ 1)$，$(1,\ 6)$，$(6,$
$1)$の10通りであるから，1が動かない組み合わせは26通り。したがって，1が動かない確率
は，$\dfrac{26}{36}=\dfrac{13}{18}$

$\boxed{4}$　（座標，直線の式，面積）

(1)　$y=x^2$と$y=x$からyを消去して，$x^2=x$　$x(x-1)=0$　$x=0,\ 1$　よって，A$(1,\ 1)$

(2)　直線ℓの式を$y=-x+b$とおくと，点Aを通るから，$1=-1+b$　$b=2$　よって，y
$=-x+2$

(3)　$y=x^2$と$y=-x+2$からyを消去して，$x^2=-x+2$　$x^2+x-2=0$　$(x-1)(x+2)=$
0　$x=1,\ -2$　よって，B$(-2,\ 4)$　C$(0,\ 2)$とおくと，$\triangle$OAB$=\triangle$OAC$+\triangle$OBC
$=\dfrac12\times2\times1+\dfrac12\times2\times2=3$

5 （円周角，接線）

（1） 右の図のようにA～Eをとる。BEは直径だから，∠BAE＝90°より，∠BAC＝90°－57°＝33°　　$\overparen{BC}$の円周角だから，∠BDC＝∠BAC＝33°　　よって，三角形の内角と外角の関係より，$x＝46°＋33°＝79°$

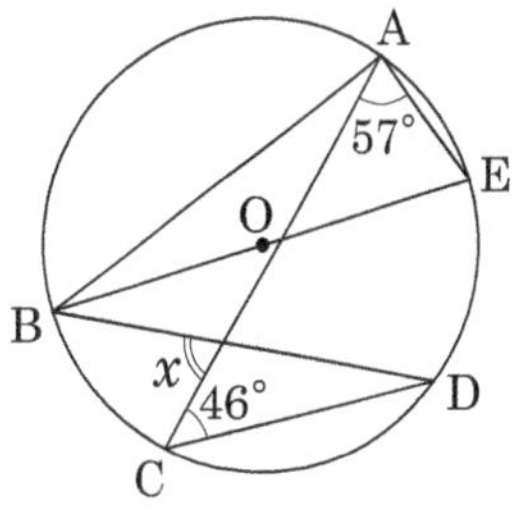

（2） 補助線OA，OBをひくと半直線PA，PBは円Oの接線だから，∠OAP＝∠OBP＝90°　　四角形OAPBの内角の和より，∠AOB＝360°－（90°×2＋56°）＝124°　　円周角の定理から，$\angle x＝\dfrac{124°}{2}＝62°$

（3） BEは円の直径だから，∠BAE＝90°　　△ABEの内角の和より，∠ABE＝180°－（90°＋40°）＝50°　　ACとBEの交点をFとすると，△ABFの内角の和より，∠BAF＝180°－（90°＋50°）＝40°　　△OAEは二等辺三角形だから，∠OAE＝40°　　よって，∠FAO＝90°－40°－40°＝10°　　ADも円の直径だから，∠ACD＝90°　　△ACDの内角の和より，$\angle x＝180°－（90°＋10°）＝80°$

（4） 右図のように点A～Fを置く。∠BFDは△BFCの外角なので，∠FBC＋∠FCB＝∠BFD　　よって，∠FBC＝80°－32°＝48°　　$\overparen{EC}$に対する円周角なので，∠CDE＝∠CBE＝48°　　∠CDEは△ADCの外角なので，$\angle x＝∠CDE－∠ACD＝48°－32°＝16°$

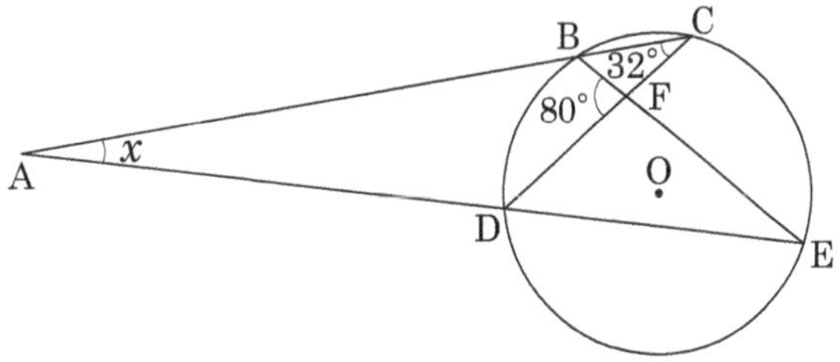

指数の計算について考えてみよう。

文字式の積や商を求める問題をよく見かける。第1回，①(4)のような同じ文字だけの計算では，指数の扱いに注意が必要である。

$a^2×a^3＝(a×a)×(a×a×a)＝a^5＝a^{2+3}$　　つまり，$a^m×a^n＝a^{m+n}$となる。

$(a^2)^3＝(a×a)×(a×a)×(a×a)＝a^6＝a^{2×3}$　　つまり，$(a^m)^n＝a^{m×n}$

$a^5÷a^3＝\dfrac{a×a×a×a×a}{a×a×a}＝a^2＝a^{5-3}$　　つまり，$a^m÷a^n＝a^{m-n}$

なお，$m＜n$のときには，$\dfrac{1}{a^{n-m}}$となる。

このことをしっかり身につけておくと，$\{(a^2×a^3)^2÷a^5×a^3\}^3＝a^{\{(2+3)×2-5+3\}×3}＝a^{24}$となる。

解　答

$\boxed{1}$ (1)　-20　　(2)　$4ab-10b^2$　　(3)　$4\sqrt{7}$　　(4)　$\pm 2xy$

$\boxed{2}$ (1)　$x=\dfrac{5}{2}$, $y=-3$　　(2)　$x=3$, 6　　(3)　$1:2$　　(4)　18

$\boxed{3}$ (1)　$\dfrac{15}{16}$　　(2)　1870個

$\boxed{4}$ (1)　$-\dfrac{1}{2}$　　(2)　P$(-4,\ -8)$　　(3)　$\dfrac{64}{3}\pi$

$\boxed{5}$ (1)　$68°$　　(2)　$\angle x=30°$, $\angle y=100°$

　　　(3)　①　$2\sqrt{5}$ (cm)　　②　$4\sqrt{6}$ (cm²)　　③　$\dfrac{2\sqrt{6}}{3}$ (cm)

配点　$\boxed{1}$〜$\boxed{3}$　各5点×10($\boxed{2}$(1)・(2)各完答)　　$\boxed{4}$　(1)　5点　　(2)・(3)　各6点×2
　　　$\boxed{5}$　(1)　6点　　(2)　各3点×2　　(3)　各7点×3　　計100点

解　説

$\boxed{1}$　(式の計算，式の値，式の展開)

(1)　$4+(-2)^3\times\left(\dfrac{1}{2}\right)^2\div\left(\dfrac{1}{3}-\dfrac{1}{4}\right)=4+(-8)\times\dfrac{1}{4}\div\dfrac{4-3}{12}=4+(-8)\times\dfrac{1}{4}\times12=4-24=-20$

(2)　$(2a-3b)(2a+3b)-(2a-b)^2=(2a)^2-(3b)^2-(4a^2-4ab+b^2)=4a^2-9b^2-4a^2+4ab-b^2=4ab-10b^2$

(3)　$x^2-y^2=(x+y)(x-y)=\{(\sqrt{7}+1)+(\sqrt{7}-1)\}\{(\sqrt{7}+1)-(\sqrt{7}-1)\}=2\sqrt{7}\times2=4\sqrt{7}$

(4)　$(2x^2y^3)^2\div(-xy^2)^2=\dfrac{4x^4y^6}{x^2y^4}=4x^2y^2$　　$A^2=4x^2y^2$　　よって，$A=\pm 2xy$

$\boxed{2}$　(方程式，比)

(1)　$5x+3y+1=x+2$より，$4x+3y=1$…①　　$x-2y-4=x+2$より，$-2y=6$　　$y=-3$…②　　②を①に代入して，$4x-9=1$　　$4x=10$　　$x=\dfrac{5}{2}$

(2)　$x-2$をMとおくと，$M^2-5M+4=0$　　$(M-4)(M-1)=0$　　$M=4$, 1　　$M=4$のとき，$x-2=4$より，$x=6$　　$M=1$のとき，$x-2=1$より，$x=3$

(3)　$\dfrac{1}{3}x+\dfrac{1}{2}y=3x-\dfrac{5}{6}y$　　両辺を6倍すると，$2x+3y=18x-5y$　　$8y=16x$　　$y=2x$

これを$x:y$に代入すると，$x:y=x:2y=1:2$

(4) もとの2けたの整数を$10x+y$とすると，$y=x+7\cdots$①　　$(x+2)(y+2)=10x+y+12$より，$xy-8x+y-8=0\cdots$②　　①を②に代入して，$x(x+7)-8x+(x+7)-8=0$　　$x^2-1=0$　　$x^2=1$　　xは自然数だから，$x=1$　　これを①に代入して，$y=8$　　よって，もとの2けたの整数は18

$\boxed{3}$ （確率，期待値）

(1) 4枚のコインの表裏の出方の総数は，$2\times2\times2\times2=16$（通り）　　このうち，4枚とも裏が出るのは1通りだから，求める確率は$1-\dfrac{1}{16}=\dfrac{15}{16}$

(2) 黒玉の個数をx（個）とすると，$x:8000=56:240$と考えられる。したがって，$240x=448000$　　$x=1866.666\cdots$より，$x=1870$（個）

$\boxed{4}$ （座標，体積）

(1) $y=ax^2$がA$(2,\ -2)$を通るので，$-2=a\times2^2$　　$a=-\dfrac{1}{2}$

(2) $y=-\dfrac{1}{2}x^2$のグラフはy軸について対称なので，B$(-2,\ -2)$　　よって，正方形ABCDの1辺であるABの長さは，$2-(-2)=4$　　よって，C$(-2,\ -6)$　　直線ACの傾きは，$\dfrac{-2-(-6)}{2-(-2)}=1$　　$y=x+b$とおいて$(2,\ -2)$を代入すると，$-2=2+b$　　$b=-4$　　直線ACの式は$y=x-4$だから，放物線$y=-\dfrac{1}{2}x^2$との交点のx座標は，方程式$-\dfrac{1}{2}x^2=x-4$の解として求められる。両辺を2倍して整理すると，$x^2+2x-8=0$　　$(x+4)(x-2)=0$　　点Pのx座標は負だから，$x=-4$　　y座標は，$y=-4-4=-8$　　よって，P$(-4,\ -8)$

(3) 右の図のような立体ができる。点Eの座標は$(0,\ -4)$　　また，点Pからy軸に垂線PFをひくと，求める体積は，底面の半径がPF，高さがOFの円すいから，高さがEFの円すいの体積をひけばよい。

$\dfrac{1}{3}\times16\pi\times8-\dfrac{1}{3}\times16\pi\times4=\dfrac{64}{3}\pi$

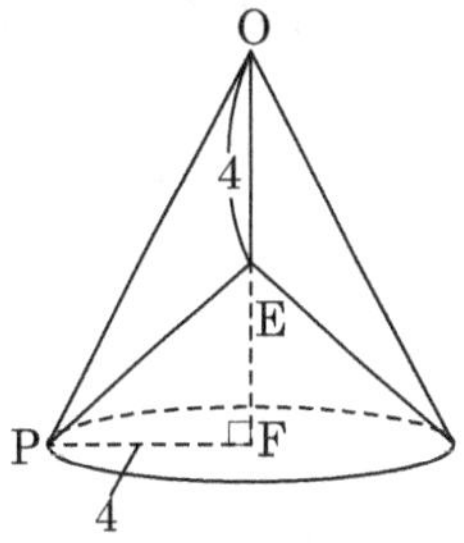

$\boxed{5}$ （角度，面積，体積）

(1) $\angle$ABD$=\angle$CBD$=b$，$\angle$ACD$=\angle$BCD$=c$とおく。△DBCの内角について，$124+b+c=180$　　$b+c=56$　　△ABCの内角について$x+2b+2c=180$　　$x+2(b+c)=180$　　$b+c=56$を代入すると，$x+2\times56=180$　　よって，$x=68$

(2) 弧の大きさが等しい円周角と中心角は1:2になるので，$y=50°\times2=100°$　　線分OAをひくと，△AOB，△AOCはいずれも半径を二辺とする二等辺三角形。よって，$\angle$BAO$=20°$　　$\angle$CAO$=\angle$ACO$=x=50°-20°=30°$

(3) ① AM$=\dfrac{4}{2}=2$　　△ABMにおいて三平方の定理を用いると，BM$=\sqrt{\text{AB}^2+\text{AM}^2}=$

第1回　第2回　第3回　第4回　第5回　第6回　第7回　第8回　第9回　第10回　解答用紙　公式集

$\sqrt{4^2+2^2}=\sqrt{20}=2\sqrt{5}$ (cm)

② （1）と同様にして，$EM=2\sqrt{5}$　　△BEFは直角二等辺三角形だから，$BE=4\sqrt{2}$

△BMEは二等辺三角形になるから，頂点MからBEへ垂線MIをひくと，$EI=\dfrac{4\sqrt{2}}{2}=2\sqrt{2}$

$MI=\sqrt{(2\sqrt{5})^2-(2\sqrt{2})^2}=2\sqrt{3}$　　よって，$\triangle BME=\dfrac{1}{2}\times4\sqrt{2}\times2\sqrt{3}=4\sqrt{6}$ (cm²)

③ 点Aから△BMEに下した垂線の長さをhとすると，三角すいA－BMEの体積は，△BMEを底面，hを高さとして求められる。また，三角すいB－AEMの体積は，△AEMを底面，BAを高さとして求められる。2つの三角すいは同じものだから，$\dfrac{1}{3}\times4\sqrt{6}\times h=\dfrac{1}{3}\times\left(\dfrac{1}{2}\times4\times2\right)\times4$　　$4\sqrt{6}\,h=16$　　$h=\dfrac{16}{4\sqrt{6}}=\dfrac{4\sqrt{6}}{6}=\dfrac{2\sqrt{6}}{3}$ (cm)

文字式の計算について考えてみよう。

第2回，$\boxed{1}$(3)のような数と文字の混じった式の積や商は，数は数，文字は文字だけで計算すると間違いが防げる。$(-2a^2b)^3\div\dfrac{4}{9}a^4b^3\times\dfrac{2}{3}ab^2$の場合，

$(-2)^3\div\dfrac{4}{9}\times\dfrac{2}{3}=-8\times\dfrac{9}{4}\times\dfrac{2}{3}=-12$

aについては，$a^{2\times3-4+1}=a^3$　　bについては，$b^{3-3+2}=b^2$　　よって，$-12a^3b^2$

三角形の内外と外角について考えてみよう。

右図で，点Dは∠ABC，∠ACBの二等分線の交点である。このとき，∠BDC$=90°+\dfrac{1}{2}$∠Aとなる。このことは次のようにして証明できる。∠BDC$=180°-\dfrac{1}{2}$（∠ABC＋∠ACB）$=180°-\dfrac{1}{2}$（$180°-$∠A）$=90°+\dfrac{1}{2}$∠A　　第3回　$\boxed{5}$(1)でこれを用いれば，$124=90+\dfrac{1}{2}x$　　$\dfrac{1}{2}x=34$　　$x=68$

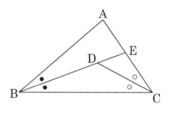

これを，中学数学の最も頻繁に使われる定理の一つ「三角形の外角はそのとなりにない2つの内角の和に等しい」を用いて証明してみよう。∠A$=2a$，∠B$=2b$，∠C$=2c$とし，半直線BDとACとの交点をEとすると，∠DECは△AEBの外角だから，∠DEC$=$∠A＋∠ABE$=2a+b$　　∠BDCは△CDEの外角だから，∠BDC$=$∠DEC＋∠DCE$=(2a+b)+c=(a+b+c)+a=90°+a=90°+\dfrac{1}{2}$∠A

解 答

1 (1) 1　　(2) $3+\sqrt{5}$　　(3) $\dfrac{-7x+9}{3}$　　(4) $2(x+6)(x-9)$

2 (1) $a=\dfrac{2S}{h}-b$　　(2) 360　　(3) 4個　　(4) 99個

3 (1) 21通り　　(2) 18通り

4 (1) $a=\dfrac{1}{3}$　　(2) $y=x+6$　　(3) 36　　(4) $t=2$

5 (1) $2:5$　　(2) ① 1(cm)　　② $\dfrac{21}{8}$(cm²)　　(3) $1:9$

配点　**1**～**3** 各5点×10　　**4** (1)～(3) 各6点×3　　(4) 7点
5 (1)・(2) 各6点×3　　(3) 7点　　計100点

解 説

1 （式の計算，式の展開）

(1) $(17^2\times16-17\times16^2)\times\dfrac{1}{17\times16}=17\times16(17-16)\times\dfrac{1}{17\times16}=17-16=1$

(2) $(\sqrt{5}+1)(\sqrt{5}-2)+\sqrt{20}=5-\sqrt{5}-2+2\sqrt{5}=3+\sqrt{5}$

(3) $4\left(\dfrac{x-3}{4}-\dfrac{5x+3}{6}+2\right)=4\times\dfrac{3(x-3)-2(5x+3)+24}{12}=\dfrac{3x-9-10x-6+24}{3}=\dfrac{-7x+9}{3}$

(4) $2x^2-6x-108=2(x^2-3x-54)=2(x+6)(x-9)$

2 （等式，方程式，平方根，最小公倍数）

(1) $S=\dfrac{1}{2}(a+b)h$　　$\dfrac{1}{2}(a+b)h=S$　　$(a+b)h=2S$　　$a+b=\dfrac{2S}{h}$　　$a=\dfrac{2S}{h}-b$

(2) $99=20x-x^2$　　$x^2-20x+99=0$　　$(x-9)(x-11)=0$　　$x=9,\ 11$　　よって，$a=11$，$b=9$　　$a^2b-b^3=b(a^2-b^2)=b(a+b)(a-b)=9\times(11+9)\times(11-9)=9\times20\times2=360$

(3) $3\sqrt{5}=\sqrt{45}$より，求める整数をNとすると，$\sqrt{7}<N<\sqrt{45}$　　これを満たすNの値は，3，4，5，6の4個。

(4) 6で割っても割り切れ，8で割っても割り切れ，12で割っても割り切れる数より3大きい数が桃の個数である。6と8と12の最小公倍数は24なので，24の倍数より3大きい数が桃の個

数となるので，100以内で最大のものは，$24 \times 4 + 3 = 99$（個）

3 （確率）

(1) 7人から2人を選ぶとき，1人に対して6人の相手がいるので，$7 \times 6 = 42$（通り）あるが，例えば，A・BとB・Aのように，その半分が重複するので，$42 \div 2 = 21$（通り）となる。

(2) 男子の選び方は，$4 \times 3 \div 2 = 6$（通り）　　女子の選び方は，$3 \times 2 \div 2 = 3$（通り）　　よって，男子2人と女子2人の選び方は，$6 \times 3 = 18$（通り）

4 （直線の方程式，面積）

(1) B(6, 12)が$y = ax^2$上の点であることから，$a \times 6^2 = 12$　　$a = \dfrac{1}{3}$

(2) Cは$y = \dfrac{1}{3}x^2$上の点で，$x = -3$なので$y = \dfrac{1}{3} \times (-3)^2 = 3$　　よって，C(-3, 3)　　B, Cを通る直線の方程式を$y = mx + n$とおくと，B(6, 12)を通ることから，$6m + n = 12 \cdots$①　　C(-3, 3)を通ることから，$-3m + n = 3 \cdots$②　　①－②は$9m = 9$　　$m = 1$　　これを①に代入すると，$6 + n = 12$　　$n = 6$　　よって，2点B，Cを通る直線の方程式は，$y = x + 6$

(3) 直線BCとy軸の交点をDとおくと，D(0, 6)である。$\triangle ABC = \triangle ACD + \triangle ABD = \dfrac{1}{2} \times (6 + 2) \times 3 + \dfrac{1}{2} \times (6 + 2) \times 6 = 12 + 24 = 36$

(4) $\triangle PBC$と$\triangle ABC$は，底辺をBCとすると，底辺が共通で面積も等しい三角形なので，高さも等しくなる。したがって，BC//PAである。直線BCの傾きが1なので直線PAの傾きも1であり，直線PAの方程式は$y = x + b$とおくことができる。これがA(0, -2)を通ることから，$0 + b = -2$　　$b = -2$　　よって，直線PAの方程式は$y = x - 2$である。点Pはこの直線上の点でP(t, 0)なので，$t - 2 = 0$　　$t = 2$

5 （面積比，内接円，平行四辺形）

(1) EDは∠ADCの二等分線なので，∠ADE＝∠CDE　　AD//BCより，∠ADE＝∠CED　　よって，∠CDE＝∠CEDとなり，CE＝CD＝AB＝9(cm)　　したがって，BE＝BC－CE＝$15 - 9 = 6$(cm)　　高さの等しい三角形の面積の比は底辺の長さの比に等しいから，$\triangle ABE : \triangle AED = BE : AD = 6 : 15 = 2 : 5$

(2) ① 円OとACとの接点をFとすると，円外の1点から円に引いた接線の長さは等しいから，AD＝xとするとAF＝x　　円とBCとの接点をGとすると，BD＝BG＝$4 - x$，CG＝CF＝$3 - x$だから，BC＝$(4 - x) + (3 - x) = 5$　　$-2x = -2$　　$x = 1$　　よって，AD＝1(cm)

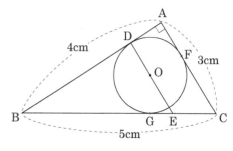

② 円の接線と接点を通る半径は垂直に交わるから，∠BDE＝90°＝∠A　　∠DBE＝∠ABC

だから，△BDEと△BACは2組の角がそれぞれ等しいので相似である。BD＝4－1＝3だから，

BD：BA＝3：4　　相似な図形では面積の比は相似比の2乗になるので，△BDE：△BAC

＝3^2：4^2＝9：16　　よって，四角形ADECの面積は，△BACの面積の$\dfrac{16-9}{16}=\dfrac{7}{16}$だから，

$\dfrac{7}{16}\times\dfrac{1}{2}\times4\times3=\dfrac{21}{8}$（cm²）

(3) 高さが等しい三角形では，面積の比は底辺の長さの比に等しい。線分AFをひくと，△EFD

：△AFD＝ED：AD＝1：4　　△EFD＝$\dfrac{1}{4}$△AFD…①　　△AFD：△ABD＝FD：BD＝2：

5　　△AFD＝$\dfrac{2}{5}$△ABD…②　　②を①に代入して，△EFD＝$\dfrac{1}{4}\times\dfrac{2}{5}$△ABD＝$\dfrac{1}{10}$△ABD

四角形ABEF＝△ABD－△EFD＝$\dfrac{9}{10}$△ABDだから，△ABD：四角形ABEF＝1：9

2次方程式の解と係数の関係について考えてみよう。

$ax^2+bx+c=0$の解は，2次方程式の解の公式を用いると，$\dfrac{-b\pm\sqrt{b^2-4ac}}{2a}$　　2つの解の

和を求めると，$\dfrac{-b+\sqrt{b^2-4ac}}{2a}+\dfrac{-b-\sqrt{b^2-4ac}}{2a}=-\dfrac{2b}{2a}=-\dfrac{b}{a}$　　積を求めると，

$\dfrac{-b+\sqrt{b^2-4ac}}{2a}\times\dfrac{-b-\sqrt{b^2-4ac}}{2a}=\dfrac{(-b)^2-(\sqrt{b^2-4ac})^2}{4a^2}=\dfrac{b^2-(b^2-4ac)}{4a^2}=\dfrac{4ac}{4a^2}=\dfrac{c}{a}$

第1回 ②(2)の場合，もう1つの解をmとすると，$m+2=-\dfrac{-14}{2}=7$　　$m=5$　　5×2

$=\dfrac{a}{2}$　　$a=20$と求められる。

三角形の頂点からひいた垂線について考えてみよう。

三角形の頂点から対辺にひいた垂線の長さについて，面積を2通
りに表して求めることがある。また，頂点から対辺にひいた垂線
と対辺の長さの比にはおもしろい関係がある。

右図で，△ABC＝$\dfrac{1}{2}$×BC×AH＝$\dfrac{1}{2}$×AC×BI　　よって，BC×

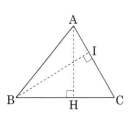

AH＝AC×BI　　両辺をBC×ACで割ると，$\dfrac{AH}{AC}=\dfrac{BI}{BC}$　　AH：

AC＝BI：BC　　また，BC×AH＝AC×BIの両辺をBC×BIで割ると，$\dfrac{AH}{BI}=\dfrac{AC}{BC}$

つまり，AH：BI＝AC：BC

解　答

1. (1) $-\dfrac{1}{2}$　(2) $2+2\sqrt{3}$　(3) 3　(4) $(x-3y)(x+y-3)$

2. (1) $a=3$, $b=1$　(2) $\dfrac{5\pm\sqrt{17}}{2}$　(3) $\dfrac{210}{11}$　(4) 50円

3. (1) $\dfrac{1}{4}$　(2) $\dfrac{1}{2}$

4. (1) ① 6　Ⅱ 0.15　Ⅲ 4

   (2) (最頻値) 65　(中央値) 55　(平均値) 55.5

5. (1) 2　(2) $\dfrac{7\sqrt{35}}{3}\pi$　(3) ⑤　(4) 23π　(5) $\dfrac{2\sqrt{35}}{7}$

配点　1 各4点×4　　2 各5点×4((1)完答)　　3 各5点×2　　4 各4点×6
　　　5 各6点×5　　計100点

解　説

1. **（式の計算，因数分解）**

(1) $\dfrac{9}{2}\times\left(-\dfrac{1}{3}\right)^3-\dfrac{1}{3}=-\dfrac{9}{2}\times\dfrac{1}{27}-\dfrac{1}{3}=-\dfrac{1}{6}-\dfrac{2}{6}=-\dfrac{3}{6}=-\dfrac{1}{2}$

(2) $(\sqrt{3}+\sqrt{2}+1)(\sqrt{3}-\sqrt{2}+1)=\{(\sqrt{3}+1)+\sqrt{2}\}\{(\sqrt{3}+1)-\sqrt{2}\}=(\sqrt{3}+1)^2-2=$
$3+2\sqrt{3}+1-2=2+2\sqrt{3}$

(3) $\dfrac{2}{5}x^3y^3\div\left(-\dfrac{3}{5}x^2y^2\right)=\dfrac{2x^3y^3}{5}\times\left(-\dfrac{5}{3x^2y^2}\right)=-\dfrac{2}{3}xy$　　$x=-\dfrac{1}{2}$, $y=9$を代入すると，
$-\dfrac{2}{3}\times\left(-\dfrac{1}{2}\right)\times9=3$

(4) $x^2-2xy-3y^2-3x+9y=(x-3y)(x+y)-3(x-3y)$　　$x-3y=$Aとおくと，A$(x+y)$
-3A$=$A$x+$A$y-3$A$=$A$(x+y-3)$　　Aをもとに戻して，$(x-3y)(x+y-3)$

2. **（連立方程式，解の公式）**

(1) $ax-4by-2=0$に$x=2$, $y=1$を代入して，$2a-4b-2=0$　　$a=2b+1$…①　　$x-3ay+7b=0$に$x=2$, $y=1$を代入して，$2-3a+7b=0$　　$3a-7b=2$…②　　②に①を代入して，$3(2b+1)-7b=2$　　$6b+3-7b=2$　　$-b=-1$　　$b=1$　　さらに，①に$b=1$を代入して，$a=2\times1+1=3$　　よって，$a=3$, $b=1$

(2) 2つの数は，$x^2-5x+2=0$の解になる。2次方程式の解の公式から，

$x=\dfrac{5\pm\sqrt{(-5)^2-4\times1\times2}}{2\times1}=\dfrac{5\pm\sqrt{17}}{2}$

(3) $\dfrac{77}{15}$は15の倍数をかけると整数になる。$\dfrac{55}{6}$，$\dfrac{121}{21}$についても同様に，それぞれ6の倍数，21の倍数をかけると整数になる。よって，15と6と21の公倍数をかければ整数となる。最小の数を求めるのだから，15と6と21の最小公倍数をかければよい。$15=3\times5$，$6=2\times3$，$21=3\times7$なので，15と6と21の最小公倍数は$3\times5\times2\times7=210$…①　　また，77，55，121はそれぞれ77，55，121の約数で割り切れる。最小の数にするには，77，55，121の最大公約数で割ればよい。$77=7\times11$，$55=5\times11$，$121=11\times11$なので，77，55，121の最大公約数は11…②　　①，②から，求める分数xは，$\dfrac{210}{11}$

(4) クッキーA1枚の材料費をx円とすると，クッキーB1枚の材料費は$0.8x$円と表せる。クッキーA500枚とクッキーB600枚の売上金は，$140\times500+80\times600=118000$（円）であり，利益が69000円なので，材料費の合計は$118000-69000=49000$（円）　　よって，$500x+600\times0.8x=49000$　　$980x=49000$　　$x=50$（円）

3 （確率）

(1) A地点からB地点への道の選び方の総数は，$3\times2\times4=24$（通り）　　このうち，Nが最小となる道の選び方は，（①，③）→⑤→（⑥，⑧，⑨）の$2\times1\times3=6$（通り）だから，その確率は，$\dfrac{6}{24}=\dfrac{1}{4}$

(2) Nが偶数となる道の選び方は，AP間，PQ間，QB間の道の距離を，（AP間，PQ間，QB間）＝（偶数，偶数，偶数）…ア，（偶数，奇数，奇数）…イ，（奇数，偶数，奇数）…ウ，（奇数，奇数，偶数）…エに分けて考える。アのとき，②→⑤→⑦の1通り。イのとき，②→④→（⑥，⑧，⑨）の3通り。ウのとき，（①，③）→⑤→（⑥，⑧，⑨）の6通り。エのとき，（①，③）→④→⑦の2通り。よって，その確率は，$\dfrac{1+3+6+2}{24}=\dfrac{1}{2}$

4 （統計）

(1) Ⅲは40（人）の0.1の割合の度数なので，$40\times0.1=4$（人）　　また，①は合計の度数から残りの度数を引いたものなので，$40-2-0-8-8-10-0-4-2=6$（人）　　したがって，Ⅱは$6\div40=0.15$

(2) (1)の結果から最頻値は最も度数が大きい階級値なので，$(60+70)\div2=65$（点）　　中央値は20番目と21番目の階級値の平均なので，55（点）　　平均値は，$(15\times2+25\times0+35\times6+45\times8+55\times8+65\times10+75\times0+85\times4+95\times2)\div40=2220\div40=55.5$（点）

5 （展開図，回転体）

（1）　$\pi \times BC^2 = 4\pi$　　　$BC^2 = 4$　　　$BC > 0$より，$BC = 2$

（2）　点AからBCにひいた垂線をAHとすると，$BH = BC - AD = 2 - 1 = 1$　　　よって，△ABHで三平方の定理を用いると，$AH = \sqrt{AB^2 - BH^2} = \sqrt{35}$　　　直線BAと直線ℓとの交点をPとすると，AD//BCなので，平行線と線分の比の関係から，$PD : PC = AD : BC = 1 : 2$　　　よって，$PD = DC = AH = \sqrt{35}$　　　したがって，この回転体の体積は，$\dfrac{1}{3} \times \pi \times 2^2 \times 2\sqrt{35} - \dfrac{1}{3} \times \pi \times 1^2 \times \sqrt{35} = \dfrac{7\sqrt{35}}{3}\pi$

（3）　円すいの側面はおうぎ形だから，この回転体の展開図は⑤である。

（4）　この回転体の側面積は，右図のおうぎ形PBB′の面積からおうぎ形PAA′の面積を引いたものである。$\overset{\frown}{AA'}$の長さは，ADを半径とする円の円周に等しく，$2 \times \pi \times 1 = 2\pi$であり，点Pを中心とする半径PAの円の円周の$\dfrac{2 \times \pi \times 1}{2 \times \pi \times 6} = \dfrac{1}{6}$である。

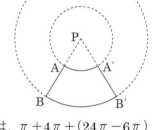

よって，おうぎ形PAA′の面積は，$\pi \times 6^2 \times \dfrac{1}{6} = 6\pi$　　　同様にしておうぎ形PBB′の面積は，$\pi \times 12^2 \times \dfrac{1}{6} = 24\pi$　　　上底面，下底面の面積はそれぞれ，$1^2\pi = \pi, 2^2\pi = 4\pi$だから，この立体の表面積は，$\pi + 4\pi + (24\pi - 6\pi) = 23\pi$

（5）　右図は回転体に入る球のうち最大の球の中心をOとし，面ABCDで切断したときの切断面を表したものである。円OとPBとの接点をFとすると，接線と接点を通る半径は垂直に交わるから，$\angle PFO = \angle PCB = 90°$　　　また，$\angle OPF = \angle BPC$　　　2組の角がそれぞれ等しいから，$\triangle PFO \backsim \triangle PCB$　　　よって，$PF : FO = PC : CB$　　　円外の点から円にひいた接線の長さは等しいから，$BF = BC = 2$　　　$PF = 12 - 2 = 10$　　　$OC = OF = r$とすると，$10 : r = 2\sqrt{35} : 2$　　　$2\sqrt{35}\,r = 20$　　　$r = \dfrac{10}{\sqrt{35}} = \dfrac{10\sqrt{35}}{35} = \dfrac{2\sqrt{35}}{7}$

解 答

1 (1) $-\dfrac{1}{2}$　　(2) $72\sqrt{70}$　　(3) $2x^2+13x+6$　　(4) 320

2 (1) $x=\dfrac{5}{12}$, $y=\dfrac{5}{13}$　　(2) $a=8$, $b=7$　　(3) $n=30$

　(4) (25, 6), (11, 5), (4, 3)

3 (1) 18通り　　(2) $\dfrac{5}{7}$　　(3) 22番目

4 (1) $y=x+4$　　(2) $D\left(-\dfrac{1}{2},\ \dfrac{7}{2}\right)$

5 (1) 3π　　(2) $7\pi-12\sqrt{3}$

6 (1) $\dfrac{16\sqrt{2}}{3}\pi$ (cm³)　　(2) $6\sqrt{3}$ (cm)　　(3) $16\pi-9\sqrt{3}$ (cm²)

配点　1・2 各5点×8(2(1)・(2)・(4)各完答)　　3〜6 各6点×10　　計100点

解 説

1 (式の計算，式の値)

(1) $\left\{(-2)^2-\left(\dfrac{1}{2}\right)^2\right\}\times0.4\div(-2^2+1)=\left(4-\dfrac{1}{4}\right)\times\dfrac{2}{5}\div(-4+1)=\dfrac{15}{4}\times\dfrac{2}{5}\times\left(-\dfrac{1}{3}\right)=-\dfrac{1}{2}$

(2) $\sqrt{1\times2\times3\times4\times5\times6\times7\times8\times9}=$

$\sqrt{1\times2\times3\times(2\times2)\times5\times(2\times3)\times7\times(2\times2\times2)\times(3\times3)}=$

$\sqrt{2\times2\times2\times2\times2\times2\times2}\times\sqrt{3\times3\times3\times3}\times\sqrt{5}\times\sqrt{7}=8\sqrt{2}\times9\times\sqrt{5}\times\sqrt{7}=72\sqrt{70}$

(3) $2x+1=A$とおくと，$A^2-(x-5)A=A\{A-(x-5)\}$　　Aをもとに戻すと，$(2x+1)\{(2x+1)-(x-5)\}=(2x+1)(2x+1-x+5)=(2x+1)(x+6)=2x^2+13x+6$

(4) $a+b=A$とおくと，$A^2-6A+5=(A-1)(A-5)$　　Aをもとに戻すと，$(a+b-1)(a+b-5)$　　$a=19$, $b=2$を代入して，$(19+2-1)(19+2-5)=20\times16=320$

2 (連立方程式，2次方程式，約数，等式)

(1) $\dfrac{1}{x}=A$, $\dfrac{1}{y}=B$とおくと，$3A-2B=2\cdots$①　　$A+B=5\cdots$②　　①$+$②$\times2$は，$5A=12$

$A=\dfrac{12}{5}$　　これを②に代入すると，$\dfrac{12}{5}+B=5$　　$B=5-\dfrac{12}{5}=\dfrac{13}{5}$　　よって，$x=\dfrac{5}{12}$

$y=\dfrac{5}{13}$

第1回　第2回　第3回　第4回　第5回　第6回　第7回　第8回　第9回　第10回　解答用紙　公式集

(2) $x^2-16x+28=0$　　$(x-2)(x-14)=0$　　$x=2$, 14　　したがって，$x^2-ax+b=0$ の2つの解は，$x=1$, 7より，$(x-1)(x-7)=0$　　$x^2-8x+7=0$　　よって，$a=8$，$b=7$

(3)　$360=2^3\times3^2\times5$と表せるので，360の約数のうちの素数は2，3，5の3個となり，《360》$=3$　　ここで，素数を小さい順に3つあげると2，3，5なので，約数として3個の素数を持つ最小の数は，$2\times3\times5=30$　　よって，$n=30$

(4)　$\dfrac{28}{m+3}=7-n$　　$(m+3)(7-n)=28$　　mが自然数なので，$m+3$も自然数であり，このとき，$7-n$も自然数になる。さらに，nは1以上6以下の自然数で，$7-n$も1以上6以下の自然数になる。2つの自然数の積が28になるのは，1×28，2×14，4×7であり，この時点で考えられるのは，①　$7-n=1$，$m+3=28$　　②　$7-n=2$，$m+3=14$　　③　$7-n=4$，$m+3=7$で，①のとき，$m=25$，$n=6$　　②のとき，$m=11$，$n=5$　　③のとき，$m=4$，$n=3$である。よって，(m, n)は，$(25, 6)$，$(11, 5)$，$(4, 3)$の3組である。

3　（確率）

(1)　一の位の数は，2，4，6の3通り。十の位の数は一の位の数以外の6通り。よって，$3\times6=18$（通り）

(2)　カードの取り出し方は全部で，$7\times6=42$（通り）　　そのうち，30以下の整数ができる場合は，十の位が1か2になるときだから，$2\times6=12$（通り）　　よって，30より大きい整数ができる確率は，$\dfrac{42-12}{42}=\dfrac{30}{42}=\dfrac{5}{7}$

(3)　40以下の整数は，$3\times6=18$（個）　　41，42，43，45から45は，$18+4=22$（番目）

4　（直線の式，面積）

(1)　$y=\dfrac{1}{2}x^2$に$x=-2$, 4をそれぞれ代入して，$y=\dfrac{1}{2}\times(-2)^2=2$，$y=\dfrac{1}{2}\times4^2=8$　　よって，A$(-2, 2)$，B$(4, 8)$　　直線ABの式を$y=ax+b$とおくと，2点A，Bを通るから，$2=-2a+b$，$8=4a+b$　　この連立方程式を解いて，$a=1$，$b=4$　　よって，$y=x+4$

(2)　$\triangle$ODC：$\triangle$BDC$=$OC：CB$=1:1=3:3$　　このとき，$\triangle$OAD：$\triangle$ODC$=2:3$であれば，四角形OCDA：$\triangle$BDC$=(2+3):3=5:3$となる。よって，AD：DB$=\triangle$OAD：$\triangle$OBD$=2:(3+3)=1:3$　　点A，B，Dからx軸にひいた垂線をそれぞれAA′，BB′，DD′とし，点Dのx座標をtとおくと，AD：DB$=$A′D′：D′B′$=(t+2):(4-t)$　　よって，$(t+2):(4-t)=1:3$　　$3(t+2)=4-t$　　$3t+6=4-t$　　$4t=-2$　　$t=-\dfrac{1}{2}$　　したがって，$x=-\dfrac{1}{2}$を$y=x+4$に代入して，$y=-\dfrac{1}{2}+4=\dfrac{7}{2}$　　よって，D$\left(-\dfrac{1}{2}, \dfrac{7}{2}\right)$

5 （円の面積）

右の図で，隣り合う円の中心を結んでできる図形は1辺の長さが2の正六角形で，1つの内角の大きさは120°である。1辺aの正三角形の面積は$\frac{\sqrt{3}}{4}a^2$で表されるから，この正六角形の面積は，$\frac{\sqrt{3}}{4}\times 2^2\times 6=6\sqrt{3}$　よって，$S_1=6\sqrt{3}$ $-\pi\times 1^2\times\frac{120}{360}\times 6=6\sqrt{3}-2\pi$　大きい円の半径は3だから，$S_2=\pi\times 3^2-\pi\times 1^2\times 6-S_1=3\pi-S_1$　したがって，$S_1+S_2=3\pi$　$S_2-S_1=3\pi-S_1-S_1=3\pi-(6\sqrt{3}-2\pi)\times 2=7\pi-12\sqrt{3}$

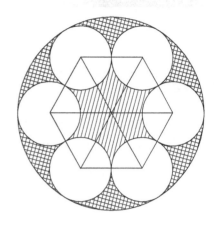

6 （体積，展開図，面積）

(1) 円すいの高さは，$\sqrt{6^2-2^2}=4\sqrt{2}$　よって，体積は，$\frac{1}{3}\pi\times 2^2\times 4\sqrt{2}=\frac{16\sqrt{2}}{3}\pi\,(\text{cm}^3)$

(2) 右図は円すいの展開図であり，線分AA′はひもの長さが最短になるときのひもを表している。$\overset{\frown}{\text{AA}'}$の長さは底面の円周に等しいので，$2\times\pi\times 2=4\pi$　円Oの円周は，$2\times\pi\times 6=12\pi$　よって，おうぎ形OAA′は円Oの$\frac{4\pi}{12\pi}=\frac{1}{3}$である。よって，$\angle\text{AOA}'=360°\times\frac{1}{3}=120°$　OからAA′に垂線OHをひくと，△OAA′が二等辺三角形なので，$\angle\text{AOH}=60°$　$\text{AH}=\text{A}'\text{H}$　△AOHは内角の大きさが30°，60°，90°の直角三角形となるので，$\text{OA}:\text{AH}=2:\sqrt{3}$　$\text{AH}=\frac{6\sqrt{3}}{2}=3\sqrt{3}$　よって，ひもの最短の長さは，$3\sqrt{3}\times 2=6\sqrt{3}\,(\text{cm})$

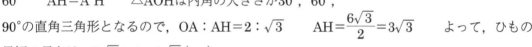

(3) 底面を含む立体の表面積から切断面の面積を除いた面積は，おうぎ形OAA′$-$△OAA′$+$底面積で求められる。$\text{OA}:\text{OH}=2:1$だから，$\text{OH}=3$　よって，$\pi\times 6^2\times\frac{1}{3}-\frac{1}{2}\times 6\sqrt{3}\times 3+\pi\times 2^2=16\pi-9\sqrt{3}\,(\text{cm}^2)$

解　答

1　(1)　11　　(2)　315　　(3)　$6-2\sqrt{2}$　　(4)　$x(2x+3y)(2x-3y)$

2　(1)　11個　　(2)　4　　(3)　$n=3$

　　(4)　(21番目の数)　6　　(2回目)　44番目

3　(1)　$\dfrac{2}{9}$　　(2)　$\dfrac{2}{45}$　　(3)　$\dfrac{11}{45}$

4　(1)　① 6cm　　② -8　　③ S$(-1,\ 1)$　　(2)　$\sqrt{2}$　　(3)　$\dfrac{-1+\sqrt{5}}{2}$

5　(1)　1(cm)　　(2)　$\dfrac{3}{4}$(cm)　　(3)　$\dfrac{5}{6}$(cm)　　(4)　$\dfrac{1}{72}$(倍)

配点　1　各4点×4　　2～4　各5点×12(2(4)完答)　　5　各6点×4　　計100点

解　説

1　(式の計算，規則性，因数分解)

(1)　$\dfrac{601\times599-501\times499}{10000}=\dfrac{(600+1)\times(600-1)-(500+1)\times(500-1)}{10000}=$

$\dfrac{(600^2-1^2)-(500^2-1^2)}{10000}=\dfrac{(360000-1)-(250000-1)}{10000}=\dfrac{110000}{10000}=11$

(2)　3，11＝3＋8，19＝3＋8×2，27＝3＋8×3，……と並んでいるので，左から40番目の数は，$3+8\times(40-1)=315$

(3)　$(1-\sqrt{2})=$Aとすると，$(1-\sqrt{2}+\sqrt{3})^2=(A+\sqrt{3})^2=A^2+2\sqrt{3}A+(\sqrt{3})^2$　　Aをもとに戻して整理すると，$(1-2\sqrt{2}+2)+2\sqrt{3}(1-\sqrt{2})+3=3-2\sqrt{2}+2\sqrt{3}-2\sqrt{6}+3$

よって，$(1-\sqrt{2}+\sqrt{3})^2-\sqrt{3}(2-2\sqrt{2})=6-2\sqrt{2}+2\sqrt{3}-2\sqrt{6}-2\sqrt{3}+2\sqrt{6}=6-2\sqrt{2}$

(4)　$4x^3-9xy^2=x(4x^2-9y^2)=x(2x+3y)(2x-3y)$

2　(約数，式の値，指数，規則性)

(1)　正の約数を3つもつような数は，素因数分解したときa^2となる数(ただし，aを素数とする。このとき，1，a，a^2の3つが約数となる)。よって，2^2，3^2，5^2，7^2，11^2，13^2，17^2，19^2，23^2，29^2，31^2の11個。

(2)　$a^4+4a^3+6a^2+16a+12=a^4+4a^3+2a^2+4a^2+16a+8+4=a^2(a^2+4a+2)+4(a^2+4a$

$+2)+4=a^2\times0+4\times0+4=4$

(3) $(x^3)^2\div(x\div x^n)=(x^3)^2\div\dfrac{x}{x^n}=x^6\times\dfrac{x^n}{x}=x^5\times x^n$　　これがx^8となるのだから，$n=3$

(4) 1，(1, 2)，(1, 2, 3)，(1, 2, 3, 4)，…と考えると，$1+2+3+4+5+6=21$だから，左から数えて21番目の数は6。また，$1+2+3+4+5+6+7+8=36$より，2回目に8が現れるのは左から数えて，$36+8=44$(番目)

③ (確率)

(1) 10枚のカードから同時に2枚のカードを取り出す取り出し方は，$10\times9\div2=45$(通り)
nが奇数になるのは2枚とも奇数のときだから，5枚ある奇数のカードから同時に2枚のカードを取り出す取り出し方は，$5\times4\div2=10$(通り)　　したがって，求める確率は，$\dfrac{10}{45}=\dfrac{2}{9}$

(2) $540=2^2\times3^3\times5$より，$\sqrt{\dfrac{540}{n}}$が自然数になるのは，$n=3\times5$，$2^2\times3\times5$，$3^3\times5$，$2^2\times3^3\times5$から，$n=15$，60，135，540のときである。nは10までの2数の積なので，2枚のカードの取り出し方は，(3, 5)と(6, 10)の2通りである。したがって，求める確率は，$\dfrac{2}{45}$

(3) nの正の約数の個数が4個になるのは，p，qを素数として，$n=p^3$または$n=pq$と表されるときである。$n=p^3$のとき，$n=8$，27である。2枚のカードの取り出し方は，$n=8$のとき(1, 8)，(2, 4)の2通り，$n=27$のとき(3, 9)の1通りである。$n=pq$のとき，$n=6$，10，14，15，21，35である。2枚のカードの取り出し方は，$n=6$のとき(1, 6)，(2, 3)の2通り，$n=10$のとき(1, 10)，(2, 5)の2通り，$n=14$のとき(2, 7)の1通り，$n=15$のとき(3, 5)の1通り，$n=21$のとき(3, 7)の1通り，$n=35$のとき(5, 7)の1通りである。以上のことから，nの正の約数の個数が4個になる2枚のカードの取り出し方は全部で，$2+1+2+2+1+1+1+1=11$(通り)である。したがって，求める確率は，$\dfrac{11}{45}$

④ (座標，直線の式)

(1) ① 点Pのx座標が2のとき点Qのx座標も2である。点Pは関数$y=x^2$のグラフ上に，点Qは$y=-\dfrac{1}{2}x^2$のグラフ上にあるので，P(2, 4)，Q(2, -2)　　よって，PQ$=4-(-2)=6$(cm)

② 点P，点Rからそれぞれy軸に垂線PH，RIをひくと，平行線と線分の比の関係から，OH：OI$=$OP：OR$=1:2$　　よって，OI$=8$　　点I，点Rのy座標は-8である。

③ 直線OQの式は$y=-x$　　点Sは関数$y=x^2$のグラフと直線$y=-x$との交点なので，そのx座標は方程式$x^2=-x$の解として求められる。$x^2+x=0$　　$x(x+1)=0$　　xは0でないので，$x=-1$　　$y=-(-1)=1$　　よって，点Sの座標は$(-1, 1)$

(2) 点Pのx座標をpとすると，P(p, p^2)，Q$\left(p, -\dfrac{1}{2}p^2\right)$　　PQ$=3$のとき，$p^2-\left(-\dfrac{1}{2}p^2\right)$
$=3$　　$\dfrac{3}{2}p^2=3$　　$p^2=3\times\dfrac{2}{3}=2$　　$p>0$なので$p=\sqrt{2}$　　よって，点Pのx座標は$\sqrt{2}$

(3)　OP：OR＝1：2　　OS：OQ＝1：2なので，点P，Qのx座標をpとすると，点Rのx座標は$-2p$，点Sのx座標は$-\dfrac{1}{2}p$である。　　よって，R$(-2p,$

$-2p^2)$，S$\left(-\dfrac{1}{2}p,\ \dfrac{1}{4}p^2\right)$　　直線RSの傾き＝$\dfrac{y\text{の値の増加量}}{x\text{の値の増加量}}$

は，$\left\{\dfrac{1}{4}p^2-(-2p^2)\right\}\div\left\{-\dfrac{1}{2}p-(-2p)\right\}=\dfrac{9}{4}p^2\div\dfrac{3}{2}p=\dfrac{3}{2}p$

直線RSの式を$y=\dfrac{3}{2}px+b$とおいて，$(-2p,\ -2p^2)$を代入す

ると，$-2p^2=\dfrac{3}{2}p\times(-2p)+b$　　$b=p^2$　　よって直線RS

の式は，$y=\dfrac{3}{2}px+p^2\cdots$①　　直線$x+\dfrac{2}{5}y=1\cdots$②との交点の

x座標はpだから，①に$x=p$を代入して，$y=\dfrac{3}{2}p^2+p^2=\dfrac{5}{2}p^2$

$x=p$，$y=\dfrac{5}{2}p^2$を②に代入すると，$p+\dfrac{2}{5}\times\dfrac{5}{2}p^2=1$　　$p^2+p-1=0$　　2次方程式の解の公

式より，$p=\dfrac{-1\pm\sqrt{1^2-4\times1\times(-1)}}{2\times1}=\dfrac{-1\pm\sqrt{5}}{2}$　　点Pのx座標は正だから，$\dfrac{-1+\sqrt{5}}{2}$

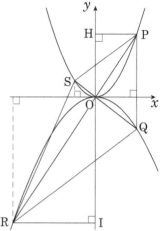

$\boxed{5}$　**（中点連結定理，線分の比，面積比）**

(1)　AH＝AH，∠AHD＝∠AHC，∠DAH＝∠CAHより，1辺とその両端の角がそれぞれ等しいので，△ADH
≡△ACH　　よって，AD＝AC＝5　　よって，DB＝2
また，DH＝CHなので，点HはCDの中点である。点
OはCBの中点だから，中点連結定理によって，HO＝
$\dfrac{1}{2}$DB＝1(cm)

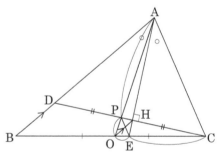

(2)　三角形の角の二等分線は，その角と向かい合う辺を，角をつくる2辺の比にわけるから，
BE：CE＝AB：AC＝7：5　　よって，BE＝$9\times\dfrac{7}{7+5}=\dfrac{21}{4}$　　また，BO＝$\dfrac{9}{2}$だから，OE
＝$\dfrac{21}{4}-\dfrac{9}{2}=\dfrac{3}{4}$(cm)

(3)　点O，点HはそれぞれCB，CDの中点なので，OH//BDである。つまり，OH//DA　　よっ
て，平行線と線分の比の関係から，OP：AP＝OH：AD＝1：5$\cdots$①　　CE＝$9\times\dfrac{5}{7+5}=\dfrac{15}{4}$
よって，OE：CE＝$\dfrac{3}{4}:\dfrac{15}{4}=1:5\cdots$②　　①，②から，線分の比が等しいので，EP//CA，
EP：AC＝OP：OA＝1：6　　AC＝5なので，EP：5＝1：6　　EP＝$\dfrac{5}{6}$(cm)

(4)　△OPEと△OAEはOP，OAをそれぞれの三角形の底辺とみたときの高さが等しいから，
面積の比は底辺の比と等しい。△OPE：△OAE＝OP：OA＝1：6　　よって，△OPE＝$\dfrac{1}{6}$
$\times$△OAE$\cdots$①　　△OAEと△ABCはOE，BCをそれぞれの底辺とみたときの高さが等しい
から，△OAE：△ABC＝OE：BC＝$\dfrac{3}{4}:9=1:12$　　よって，△OAE＝$\dfrac{1}{12}\times$△ABC$\cdots$②

②を①に代入すると，$\triangle OPE = \dfrac{1}{6} \times \dfrac{1}{12} \times \triangle ABC = \dfrac{1}{72} \times \triangle ABC$　　よって，$\dfrac{1}{72}$倍

第1回

第2回

第3回

第4回

第5回

第6回

第7回

第8回

第9回

第10回

解答用紙

公式集

3辺の長さから三角形の面積の求め方について考えてみよう。

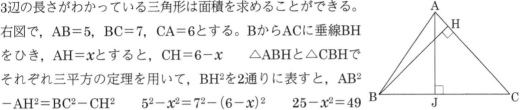

3辺の長さがわかっている三角形は面積を求めることができる。
右図で，AB＝5，BC＝7，CA＝6とする。BからACに垂線BH
をひき，AH＝xとすると，CH＝6－x　　$\triangle ABH$と$\triangle CBH$で
それぞれ三平方の定理を用いて，BH^2を2通りに表すと，AB^2
$-AH^2 = BC^2 - CH^2$　　$5^2 - x^2 = 7^2 - (6-x)^2$　　$25 - x^2 = 49$
$-36 + 12x - x^2$　　$12x = 12$　　$x = 1$　　よって，$BH^2 = 25 - 1^2 = 24$　　$BH = 2\sqrt{6}$
したがって，$\triangle ABC = \dfrac{1}{2} \times 6 \times 2\sqrt{6} = 6\sqrt{6}$

この問題で，AからBCに垂線AJをひいて進めると繁雑な計算となるが，計算の処理の練
習にもなるので紹介しておこう。

AからBCに垂線AJをひき，BJ＝xとすると，CJ＝7－x　　$\triangle ABJ$，$\triangle ACJ$でそれぞれ三
平方の定理を用いてAJ^2を2通りに表すことで，$AB^2 - BJ^2 = AC^2 - CJ^2$　　$25 - x^2 = 36 -$
$(7-x)^2$　　$14x = 38$　　$x = \dfrac{19}{7}$　　よって，$AJ^2 = 5^2 - \left(\dfrac{19}{7}\right)^2 = 5^2 - \dfrac{19^2}{7^2} = \dfrac{5^2 \times 7^2}{7^2} - \dfrac{19^2}{7^2} =$
$\dfrac{35^2}{7^2} - \dfrac{19^2}{7^2} = \dfrac{(35+19)(35-19)}{7^2} = \dfrac{54 \times 16}{7^2} = \dfrac{6 \times 3^2 \times 4^2}{7^2}$　　よって，$AJ = \dfrac{12\sqrt{6}}{7}$　　したが
って，$\triangle ABC = \dfrac{1}{2} \times 7 \times \dfrac{12\sqrt{6}}{7} = 6\sqrt{6}$

点と平面との距離について考えてみよう。

点から平面に引いた垂線の長さ（点と平面との距離）を求
めるときに，その点と平面を含む立体の体積から考えて
いくこともある。右図で示す直方体ABCD－EFGHにお
いて，3辺の長さが分かっているものとする。

3点A，C，Fを通る平面と点Bとの距離は，点Bから面
ACFに引いた垂線をBJとすると，三角すいB－ACFの体
積の$\dfrac{1}{3} \times \triangle ACF \times BJ$を利用することで求められる。三角すいB－ACFの体積は，$\triangle BCF$
を底面，ABを高さとして求めることができる。$\triangle ACF$の3辺の長さは$\triangle ABC$，$\triangle ABF$，
$\triangle BCF$で三平方の定理を用いて求めることができるから，上のコラムで説明した方法でそ
の面積を求めることができる。よって，$\triangle ACF$の面積をS，他の方法で求めた三角すいB－
ACFの体積をVとすると，$\dfrac{1}{3} \times S \times BJ = V$　　$BJ = \dfrac{3V}{S}$

解 答

$\boxed{1}$ (1) 210   (2) $15\sqrt{2}$ (3) 4   (4) $(a-b)(a+b-1)$

$\boxed{2}$ (1) ②, ⑥   (2) 2, 6, 12, 20   (3) $\dfrac{23}{2}$ (4) 138°

$\boxed{3}$ (1) 4通り   (2) $\dfrac{9}{100}$ (3) $\dfrac{11}{50}$

$\boxed{4}$ (1) C(1, $\sqrt{3}$)   (2) $a=\sqrt{3}$, $y=\dfrac{\sqrt{3}}{3}x+\dfrac{2\sqrt{3}}{3}$ (3) $3\sqrt{3}$

(4) 8 : 3

$\boxed{5}$ (1) ① 8   ② $4\sqrt{3}$ ③ $6\sqrt{3}$ (2) $3\sqrt{7}$

配点 $\boxed{1}$ 各4点×4 $\boxed{2}$・$\boxed{3}$ 各5点×7($\boxed{2}$(1)・(2)各完答)

$\boxed{4}$ (1) 5点   他 各6点×4 $\boxed{5}$ 各5点×4   計100点

解 説

$\boxed{1}$ （式の計算，指数，因数分解）

(1) 2項ずつ組み合わせて，$a^2-b^2=(a+b)(a-b)$ の因数分解をしていく。$20^2-19^2+18^2$ $-17^2+16^2-15^2+14^2-13^2+12^2-11^2+10^2-9^2+8^2-7^2+6^2-5^2+4^2-3^2+2^2-1^2=(20+$ $19)\times(20-19)+(18+17)\times(18-17)+(16+15)\times(16-15)+(14+13)\times(14-13)+(12$ $+11)\times(12-11)+(10+9)\times(10-9)+(8+7)\times(8-7)+(6+5)\times(6-5)+(4+3)\times(4-$ $3)+(2+1)\times(2-1)=39+35+31+27+23+19+15+11+7+3=210$

(2) $(6\sqrt{2}-2\sqrt{3})=2(3\sqrt{2}-\sqrt{3})$ $\dfrac{2\sqrt{5}}{\sqrt{10}}=\dfrac{2}{\sqrt{2}}=\sqrt{2}$ より，$(\sqrt{3}+3\sqrt{2})(6\sqrt{2}-2\sqrt{3})\div$ $\dfrac{2\sqrt{5}}{\sqrt{10}}=2(3\sqrt{2}+\sqrt{3})(3\sqrt{2}-\sqrt{3})\div\sqrt{2}=2\times(18-3)\div\sqrt{2}=2\times15\div\sqrt{2}=30\times\dfrac{1}{\sqrt{2}}=30\times$ $\dfrac{\sqrt{2}}{2}=15\sqrt{2}$

(3) $(\sqrt{2}-1)^{2019}(3\sqrt{2}-4)^4(\sqrt{2}+1)^{2019}(2\sqrt{2}+3)^4=(\{\sqrt{2}-1)(\sqrt{2}+1)\}^{2019}\{(3\sqrt{2}-4)$ $(2\sqrt{2}+3)\}^4=(2-1)^{2019}(12+9\sqrt{2}-8\sqrt{2}-12)^4=1\times(\sqrt{2})^4=4$

(4) $a^2-b^2-a+b=(a+b)(a-b)-(a-b)$ $a-b=$A とおくと，A$(a+b)-$A$=$A$(a+$ $b-1)$ A をもとに戻すと，$(a-b)(a+b-1)$

2 （平方根，演算記号，角度）

(1) ② $\sqrt{25}=\sqrt{5^2}$より，簡単にすると5になる。 ⑥ ②より，$\sqrt{25}=5$の平方根は，$\pm\sqrt{5}$ となる。

(2) $\sqrt{4x+1}=2n+1$ 両辺を2乗すると，$4x+1=(2n+1)^2$ $4x+1=4n^2+4n+1$ $4x=4n(n+1)$ $x=n(n+1)$ nは自然数だから，$1\times2=2$，$2\times3=6$，$3\times4=12$，$4\times5=20$ よって，求めるxは，2，6，12，20

(3) $17\div6=2$余り5 $17\triangle6=5+5=10$ $10\div3=3$余り1 $10\triangle3=1+5=6$ $32\div13=2$余り6 $32\triangle13=6+5=11$ $35\div18=1$余り17 $35\triangle18=17+5=22$ よって，$\{(17\triangle6)\triangle3\}\times2-(32\triangle13)\div(35\triangle18)=6\times2-11\div22=12-\dfrac{1}{2}=\dfrac{24-1}{2}=\dfrac{23}{2}$

(4) 時計の長針は60分で一回りするので，1分間に$360°\div60=6°$回転する。短針は12時間で一回りするので，$360°\div12\div60=0.5°$回転する。2時のときに長針と短針の作る角は，$360°\div12\times2=60°$ 36分間に長針は$6°\times36=216°$回転し，短針は$0.5°\times36=18°$回転するから，2：36に長針と短針の作る角xは，$216°-(60°+18°)=138°$

3 （確率）

(1) 1枚目のカードを取り出したとき，得点が2点となる場合は，カードに書かれた数字が2の倍数で，6の倍数でないときだから，2，4，8，10の4通り

(2) 2回のカードの取り出し方は全部で，$10\times10=100$（通り） そのうち，最終得点が0点となるのは，1回目も2回目も1か5か7が出る場合だから，$3\times3=9$（通り） よって，求める確率は，$\dfrac{9}{100}$

(3) 最終得点が5点になるのは，（1回目の点数，2回目の点数）$=(0, 5)$，$(5, 0)$，$(2, 3)$，$(3, 2)$ 得点が0点になるのは，1，5，7の3通り。得点が5点になるのは，6の1通り。得点が2点になるのは，2，4，8，10の4通り。得点が3点になるのは，3，9の2通り。よって，最終得点が5点になるのは，$3\times1+1\times3+4\times2+2\times4=22$（通り） したがって，求める確率は，$\dfrac{22}{100}=\dfrac{11}{50}$

4 （座標，直線の式，体積）

(1) △OCDは正三角形なので，点Cからx軸にひいた垂線をCHとすると，OC：OH：CH$=2:1:\sqrt{3}$ よって，C$(1, \sqrt{3})$

(2) $y=ax^2$に$(1, \sqrt{3})$を代入すると，$\sqrt{3}=a$ 直線ACは$(-2, 0)$，$(1, \sqrt{3})$を通るから，傾きは，$\dfrac{\sqrt{3}}{1-(-2)}=\dfrac{\sqrt{3}}{3}$ $y=\dfrac{\sqrt{3}}{3}x+b$とおいて$(-2, 0)$を代入すると，$0=-\dfrac{2\sqrt{3}}{3}+b$ $b=\dfrac{2\sqrt{3}}{3}$ よって，$y=\dfrac{\sqrt{3}}{3}x+\dfrac{2\sqrt{3}}{3}$

(3) 放物線$y=ax^2$も円Oもy軸について対称なので，点Bは点Cとy軸について対称である。よって，B$(-1, \sqrt{3})$ 点Fは原点を中心とする円の周上にあるから，点Bと原点につい

て対称である。よって，F$(1, -\sqrt{3})$　　よって，△ACFの面積は，底辺をCF，高さをAH

として求めればよい。したがって，$\frac{1}{2} \times 2\sqrt{3} \times 3 = 3\sqrt{3}$

(4)　球Oの半径は2だから，$V_1 = \frac{4\pi \times 2^3}{3} = \frac{32}{3}\pi$　　直線BFの式は$y = -\sqrt{3}x$であり，直線AC

との交点をMとすると，点Mのx座標は方程式$\frac{\sqrt{3}}{3}x + \frac{2\sqrt{3}}{3} = -\sqrt{3}x$の解である。$\sqrt{3}x + 3\sqrt{3}x$

$= -2\sqrt{3}$　　$x = -\frac{1}{2}$　　一方，$\frac{-2+1}{2} = -\frac{1}{2}$だから，点Mは線分ACの中点である。また，

CFはx軸と垂直なので，∠COF$=120°$，∠ACO$=30°$よりBF⊥CA，四角形ABCFをBFを

軸として回転してできる回転体は，AMを底面の半径，BMを高さとする円すいと，AMを底

面の半径，FMを高さとする円すいを合わせたものになる。△ABOも正三角形であり，AMは

その高さだから，AM$=\sqrt{3}$　　よって，$V_2 = \frac{1}{3} \times \pi \times (\sqrt{3})^2 \times BM + \frac{1}{3} \times \pi \times (\sqrt{3})^2 \times FM =$

$\frac{1}{3} \times \pi \times (\sqrt{3})^2 \times (BM + FM) = \frac{1}{3} \times \pi \times (\sqrt{3})^2 \times 4 = 4\pi$　　　したがって，$V_1 : V_2 = \frac{32}{3}\pi :$

$4\pi = 8 : 3$

$\boxed{5}$　（線分の長さ，半径）

(1)　①　PQ$=$PL$+$LQ$=6+2=8$

②　PH$=$PS$-$HS$=$PS$-$QT$=6-2=4$　　よって，QH$= \sqrt{PQ^2 - PH^2} = \sqrt{8^2 - 4^2} = 4\sqrt{3}$

③　TS$=$QH$=4\sqrt{3}$　　LからTSにひいた垂線と線分QH，TSとの交点をそれぞれI，Jと

すると，LI//PHより，LI$:$PH$=$QL$:$QP　　LI$= \frac{4 \times 2}{8} = 1$　　LJ$=$LI$+$IJ$=1+2=3$

よって，△STL$= \frac{1}{2} \times 4\sqrt{3} \times 3 = 6\sqrt{3}$

(2)　円Qの半径をr，RからQTにひいた垂線をRKとする。△PQH∽△QRKより，PQ$:$QR$=$

PH$:$QK　　$(21+r):(r+3) = (21-r):(r-3)$　　$(21+r)(r-3) = (r+3)(21-r)$

$21r - 63 + r^2 - 3r = 21r - r^2 + 63 - 3r$　　$r^2 = 63$　　$r > 0$より，$r = 3\sqrt{7}$

三平方の定理について考えてみよう。

三平方の定理の証明方法は何通りもあり，そのどれもが，中学数学の理解を深める上で役

に立つ。三角形の相似を用いて証明すると以下のようになる。

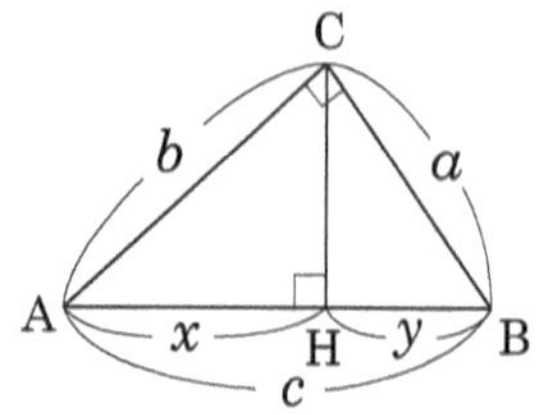

右図の直角三角形で，BC$=a$，CA$=b$，AB$=c$，AH$=x$，BH

$=y$とする。△BCH∽△BACなので，BC$:$BA$=$BH$:$BC

$a : c = y : a$　　$a^2 = cy \cdots$①　　△ACH∽△ABCなので，AC

$:$AB$=$AH$:$AC　　$b : c = x : b$　　$b^2 = cx \cdots$②　　①$+$②か

ら，$a^2 + b^2 = cy + cx = c(x+y)$　　この式に$x+y=c$を代入すると，$a^2 + b^2 = c^2$

解　答

1　(1) 1　　(2) $-\dfrac{1}{2}$　　(3) ① 4　② $\dfrac{8}{5}$　③ $a=3,\ b=4$

2　(1) $x=\dfrac{5}{2}$　$y=-\dfrac{3}{2}$　$z=-\dfrac{1}{2}$　　(2) 24, 96

　(3) (3ケタ) 17番目　　(整数) 1011　　(4) 52点

3　(1) 73　　(2) (入れ方) 24通り　　(確率) $\dfrac{3}{8}$

4　(1) 6　　(2) $4\sqrt{5}$　　(3) $y=\dfrac{3}{5}x+\dfrac{36}{5}$

5　(1) 45°　　(2) $1+\sqrt{3}$　　(3) $\dfrac{\sqrt{2}+\sqrt{6}}{2}$

6　(1) 288π (cm³)　　(2) $72\sqrt{3}+72$ (cm²)　　(3) $4\sqrt{6}$ (cm)

配点　1 各4点×5((3)③完答)　　2 各4点×7((2)完答)　　3 各4点×3
4 (1)・(2) 各4点×2　　(3) 5点　　5 各4点×3　　6 各5点×3
計100点

解　説

1　(式の計算, 式の値, 分数)

(1) X＝2017, Y＝672とすると, $2017^2-6\times2017\times672+9\times672^2=X^2-6XY+9Y^2=(X-3Y)^2=(2017-3\times672)^2=(2017-2016)^2=1^2=1$

(2) $a=1+\sqrt{5}$, $b=1-\sqrt{5}$より$a+b=(1+\sqrt{5})+(1-\sqrt{5})=2$　　$ab=(1+\sqrt{5})(1-\sqrt{5})=1-5=-4$　　$\dfrac{1}{a}+\dfrac{1}{b}=\dfrac{a+b}{ab}=\dfrac{2}{-4}=-\dfrac{1}{2}$

(3) ① $\dfrac{6}{1+\dfrac{1}{2}}=\dfrac{6}{\dfrac{3}{2}}=6\div\dfrac{3}{2}=6\times\dfrac{2}{3}=4$

② $\dfrac{6}{1+\dfrac{1}{2}}=4$だから, $\dfrac{1}{1+\dfrac{1}{2}}=\dfrac{6}{1+\dfrac{1}{2}}\times\dfrac{1}{6}=\dfrac{4}{6}=\dfrac{2}{3}$　　$1+\dfrac{1}{1+\dfrac{1}{1+\dfrac{1}{2}}}=1+\dfrac{1}{1+\dfrac{2}{3}}=$

$1+\dfrac{1}{\dfrac{5}{3}}=1+1\div\dfrac{5}{3}=1+\dfrac{3}{5}=\dfrac{8}{5}$

③ $1+\cfrac{1}{2+\cfrac{1}{a+\cfrac{1}{b}}}=\cfrac{43}{30}$ のとき, $\cfrac{1}{2+\cfrac{1}{a+\cfrac{1}{b}}}=\cfrac{43}{30}-1=\cfrac{13}{30}$ $\quad\quad$ $\cfrac{1}{\text{A}}=\text{B}$ のとき, $\text{AB}=1$

$\text{A}=\cfrac{1}{\text{B}}$ だから, $2+\cfrac{1}{a+\cfrac{1}{b}}$ をA, $\cfrac{13}{30}$ をBとすると, $2+\cfrac{1}{a+\cfrac{1}{b}}=\cfrac{30}{13}$ $\quad$ $\cfrac{1}{a+\cfrac{1}{b}}=\cfrac{30}{13}-2=\cfrac{4}{13}$

$a+\cfrac{1}{b}=\cfrac{13}{4}=3\cfrac{1}{4}$ $\quad$ よって, $a=3$, $b=4$

$\boxed{2}$ （連立方程式，平方根，数列，平均）

（1） $x+y=1\cdots①$ $\quad\quad$ $y+z=-2\cdots②$ $\quad\quad$ $z+x=2\cdots③$ $\quad\quad$ ①＋②＋③は, $2x+2y+2z=1$

$x+y+z=\cfrac{1}{2}\cdots④$ $\quad$ ④－②で, $x=\cfrac{5}{2}$ $\quad$ ④－③で, $y=-\cfrac{3}{2}$ $\quad$ ④－①で, $z=-\cfrac{1}{2}$

（2） $\sqrt{\cfrac{3a}{8}}$ が自然数となる2ケタの自然数aは, $a=3\times8$, $3\times8\times2^2=24$, 96

（3） 1ケタの数が4個，2ケタの数は十の位が1から3までの12個できる。したがって，初めて3ケタの整数が現れるのは17番目である。3ケタの整数は，百の位が1であるものが，100，101，102，103，110，111，…，133の16個でき，百の位が2，3であるものも同様だから，16×3＝48(個)できる。よって，初めて4ケタの整数が現れるのは65番目となり，1000，1001，1002，1003，1010，1011と並ぶので，70番目の整数は1011である。

（4） 女子の平均点をx点とすると，男子の平均点は$x-5$(点)と表せる。このとき，$12(x-5)+18x=(12+18)\times50$ $\quad$ $12x-60+18x=1500$ $\quad$ $30x=1560$ $\quad$ $x=52$ $\quad$ よって，女子の平均点は52点

$\boxed{3}$ （数列，確率）

（1） まず，n行目の右端の数はn^2と表せるので，$(n-1)$行目の右端の数は$(n-1)^2$と表せる。次に，n行目の左端の数は$(n-1)$行目の右端の数の次の数にあたるので$(n-1)^2+1=n^2-2n+1+1=n^2-2n+2$と表せる。さらに，各行の中央の数は各行の左端の数と右端の数の平均値に等しいので，n行目の中央の数は$\{n^2+(n^2-2n+2)\}\div2=(2n^2-2n+2)\div2=n^2-n+1$と表せる。この式に$n=9$を代入して，$9^2-9+1=81-9+1=73$

（2） まず，カードの箱への入れ方は全部で$4\times3\times2\times1=24$(通り)ある。次に，4つの箱へのカードの入れ方を$(a, b, c, d)$のように表すと，どの箱についても，箱とカードに書いてあるアルファベットが一致しないのは(b, a, d, c)，(b, c, d, a)，(b, d, a, c)，(c, a, d, b)，(c, d, a, b)，(c, d, b, a)，(d, a, b, c)，(d, c, a, b)，(d, c, b, a)の9通り。よって，どの箱についても，箱とカードに書いてあるアルファベットが一致しない確率は，$\cfrac{9}{24}=\cfrac{3}{8}$

第1回　第2回　第3回　第4回　第5回　第6回　第7回　第8回　**第9回**　第10回　解答用紙　公式集

4 （面積，円，直線の式）

(1) Bは$y=x^2$上の点だから，B(3, 9)　Pは$y=x+10$上の点だから，P(-3, 7)　直線BPの式を$y=ax+b$とおくと，2点B，Pを通るから，$9=3a+b$，$7=-3a+b$　この連立方程式を解いて，$a=\frac{1}{3}$，$b=8$　よって，D(0, 8)とおくと，C(0, 10)より，$\triangle BCP=\triangle BCD+\triangle PCD=\frac{1}{2}\times(10-8)\times3+\frac{1}{2}\times(10-8)\times3=6$

(2) Aは$y=x^2$上の点だから，A(-1, 1)　Pは$y=x+10$上の点だから，P(-1, 9)　よって，線分APはy軸に平行で，線分BPはx軸に平行となるから，$\angle APB=90°$　よって，3点P，A，Bを通る円の直径は線分ABになる。したがって，$AB=\sqrt{(3+1)^2+(9-1)^2}=4\sqrt{5}$

(3) 直線BPの式を$y=mx+s$とおくと，点Bを通るから，$9=3m+s$　$s=9-3m$　よって，$y=mx+9-3m$となり，D(0, 9$-3m$)とする。点Aを通り直線BPに平行な直線を$y=mx+t$とおくと，点Aを通るから，$1=-m+t$　$t=1+m$　よって，$y=mx+1+m$となり，E(0, 1$+m$)とする。PB//AEより，$\triangle BAP=\triangle BEP$　$\triangle BEP:\triangle BCP=DE:CD$だから，$\triangle BAP:\triangle BCP=2:1$のとき，$DE:CD=2:1$　$\{(9-3m)-(1+m)\}:\{10-(9-3m)\}=2:1$　$2(1+3m)=8-4m$　$10m=6$　$m=\frac{3}{5}$　よって，$s=9-\frac{9}{5}=\frac{36}{5}$　したがって，直線BPの式は，$y=\frac{3}{5}x+\frac{36}{5}$

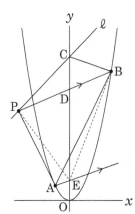

5 （円周角，直角三角形，合同）

(1) 4点A，B，C，Dは同一円周上にあるから，$\overset{\frown}{AD}$の円周角で，$\angle ABE=\angle ACD=45°$

(2) EからABにひいた垂線をEHとすると，$\triangle AEH$は内角が30°，60°，90°の直角三角形だから，$EH=\frac{1}{2}AE=\frac{1}{2}\times2=1$　$AH=\sqrt{3}EH=\sqrt{3}$　また，$\triangle BEH$は直角二等辺三角形だから，$BH=EH=1$　よって，$AB=BH+AH=1+\sqrt{3}$

(3) $DE=BE=\sqrt{2}EH=\sqrt{2}$　$\triangle ABE$と$\triangle DCE$において，$\angle ABE=\angle DCE=45°$　対頂角だから，$\angle AEB=\angle DEC$　2組の角がそれぞれ等しいので，$\triangle ABE\infty\triangle DCE$　$BA:CD=AE:DE$　$CD=\frac{(1+\sqrt{3})\times\sqrt{2}}{2}=\frac{\sqrt{2}+\sqrt{6}}{2}$

6 （球，面積，長さ）

(1) 球Oの半径は$12\div2=6$だから，球Oの体積は，$\frac{4}{3}\pi\times6^3=288\pi$（cm³）

(2) $AO=BO=PO=QO=RO=6$なので，$\triangle AOR$，$\triangle POR$，$\triangle BOR$，$\triangle QOR$は直角二等辺三角形である。よって，辺の比が$1:1:\sqrt{2}$となるので，$AR=PR=BR=QR=6\sqrt{2}$

また，△APBも直角二等辺三角形だから，AP：AB＝1：$\sqrt{2}$　　　　AP＝$\dfrac{12}{\sqrt{2}}$＝$6\sqrt{2}$　　　　よって，正方形APBQの1辺の長さは$6\sqrt{2}$だから，△APR，△PBR，△BQR，△QARは1辺の長さが$6\sqrt{2}$の正三角形である。1辺の長さがaの正三角形の高さは$\dfrac{\sqrt{3}}{2}a$，面積は$\dfrac{\sqrt{3}}{4}a^2$で表されるので，正四角すいR－APBQの表面積は，$\dfrac{\sqrt{3}}{4}\times(6\sqrt{2})^2\times4＋(6\sqrt{2})^2＝72\sqrt{3}＋72$（cm²）

（3）　右図は，球Oを3点R，O，Mを通る面で切断したときの切断面を表したものである。RMは正三角形RAPの高さだから，$\dfrac{\sqrt{3}}{2}$$\times6\sqrt{2}＝3\sqrt{6}$　　点OからRMに垂線OHをひくと，△ROHと△RMOは2組の角がそれぞれ等しいので相似である。よって，RH：RO＝RO：RM　　RH：6＝6：$3\sqrt{6}$　　RH＝$\dfrac{6\times6}{3\sqrt{6}}$＝＝$2\sqrt{6}$　　　OSは球の半径でORに等しいので，△ORSは二等辺三角形である。よって，点HはRSの中点だから，SH＝RH＝$2\sqrt{6}$　RS＝$4\sqrt{6}$（cm）

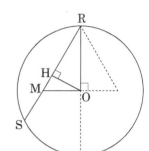

複数個あるものから異なるものの選び方について考えてみよう。

A，B，C，D，E，Fから異なる2つを選び出す選び方の数を求めるとき，まず，異なる2つを選んで並べる並べ方の数を求め，その中の，組として同じものについて考えてみるとよい。並べ方の数としては，最初に6通りの選び方があり，そのそれぞれに対して5通りずつの選び方があるから，6×5通りある。そのうちの，A→BとB→Aは，並べ方としては2通りだが，選び出し方としては，「AとB」と「BとA」は同じものなので1通りである。よって，選び方の数は，$\dfrac{6\times5}{2\times1}$通りである。8個のものA，B，C，D，E，F，G，Hから3個を選ぶときには，8個のものから3個を選んで並べる並べ方の数が8×7×6通りある。そのうち選び方として同じものは，例えば，A→B→C，A→C→B，B→A→C，B→C→A，C→A→B，C→B→A　　これは並べ方としては，3×2×1通りであるが，選び方としては1通りである。よって，選び方の数は，$\dfrac{8\times7\times6}{3\times2\times1}$通りである。

第10回　解答・解説

解　答

$\boxed{1}$　(1)　$\dfrac{5}{11}$　　(2)　$(\sqrt{27})$　5　　$(\sqrt{2017})$　44

$\boxed{2}$　(1)　$-\dfrac{6}{25}$　　(2)　1　　(3)　5　　(4)　5時$\dfrac{200}{11}$分

$\boxed{3}$　(1)　③　　(2)　$\dfrac{1}{3}$　　(3)　$\dfrac{83}{324}$

$\boxed{4}$　(1)　$a=\sqrt{3}$　　$b=-\dfrac{\sqrt{3}}{3}$　　$c=\dfrac{4\sqrt{3}}{3}$　　(2)　$2\sqrt{3}$

　　　(3)　$(\angle POR)$　60°　　(体積)　$\dfrac{8\sqrt{3}}{3}\pi$

$\boxed{5}$　(1)　9　　(2)　2　　(3)　$\dfrac{3}{4}$

$\boxed{6}$　(1)　$r_1=\sqrt{3}$　　$r_2=\dfrac{\sqrt{3}}{3}$　　(2)　①　2　　②　$\dfrac{4\sqrt{3}}{3}$　　③　$4\sqrt{3}$　　④　4

　　　(3)　⑤　4　　⑥　$\dfrac{2\sqrt{3}-3}{2}$

配点　$\boxed{1}$　各3点×3　　$\boxed{2}$　各3点×4　　$\boxed{3}$　各4点×3

　　　$\boxed{4}$　(1)　各3点×3　　(2)・(3)　各4点×3　　$\boxed{5}$　各4点×3

　　　$\boxed{6}$　(1)・(2)　各4点×6　　(3)　各5点×2　　計100点

解　説

$\boxed{1}$　(式の計算，平方根)

(1)　一度に通分せず，前から2つずつ順に計算する方が楽に答えにたどりつく。$\dfrac{1}{3}+\dfrac{1}{15}=\dfrac{5+1}{15}$

$=\dfrac{6}{15}=\dfrac{2}{5}$　　$\dfrac{2}{5}+\dfrac{1}{35}=\dfrac{14+1}{35}=\dfrac{15}{35}=\dfrac{3}{7}$　　$\dfrac{3}{7}+\dfrac{1}{63}=\dfrac{27+1}{63}=\dfrac{28}{63}=\dfrac{4}{9}$　　$\dfrac{4}{9}+\dfrac{1}{99}=\dfrac{44+1}{99}=$
$\dfrac{45}{99}=\dfrac{5}{11}$

次のような考え方もある。

$\dfrac{1}{1}-\dfrac{1}{3}=\dfrac{3}{1\times3}-\dfrac{1}{1\times3}=\dfrac{2}{1\times3}$　　つまり，$\dfrac{1}{3}=\dfrac{1}{2}\Big(\dfrac{3}{1\times3}-\dfrac{1}{1\times3}\Big)=\dfrac{1}{2}\Big(\dfrac{1}{1}-\dfrac{1}{3}\Big)$

同様に考えると，$\dfrac{1}{3}+\dfrac{1}{15}+\dfrac{1}{35}+\dfrac{1}{63}+\dfrac{1}{99}=\dfrac{1}{2}\Big(\dfrac{1}{1}-\dfrac{1}{3}+\dfrac{1}{3}-\dfrac{1}{5}+\dfrac{1}{5}-\dfrac{1}{7}+\dfrac{1}{7}-\dfrac{1}{9}+\dfrac{1}{9}-\dfrac{1}{11}\Big)$

$=\dfrac{1}{2}\Big(\dfrac{1}{1}-\dfrac{1}{11}\Big)=\dfrac{1}{2}\times\dfrac{10}{11}=\dfrac{5}{11}$

(2) $\sqrt{27}=3\sqrt{3}=3\times1.732\cdots=5.196\cdots$ よって，$\sqrt{27}$ の整数部分は5 また，$44^2=$
1936，$45^2=2025$ なので，$\sqrt{1936}<\sqrt{2017}<\sqrt{2025}$ よって，$\sqrt{2017}$ の整数部分は44

$\boxed{2}$ （式の計算，最小公倍数，角度）

(1) $\dfrac{1}{x^2}+\dfrac{1}{y^2}=\dfrac{y^2+x^2}{x^2y^2}=\dfrac{(x+y)^2-2xy}{(xy)^2}=\dfrac{2^2-2\times5}{5^2}=\dfrac{4-10}{25}=-\dfrac{6}{25}$

(2) $xy-2x-y+2=x(y-2)-(y-2)=(x-1)(y-2)$ y にどのような値を代入しても，
$(x-1)(y-2)=0$ が成り立つのは，$x=1$ のときである。

(3) $18a=2\times3^2\times a$，$84=2^2\times3\times7$ の最小公倍数は，$2^2\times3^2\times7\times a$ また，$1260=2^2\times3^2$
$\times5\times7$ よって，$a=5$

(4) 1分間に，長針は $360°\div60=6°$ ずつ，短針は $360°\div12\div60=0.5°$ ずつ動く。5時ちょうど
のとき，長針と短針のなす角度は，$360°\times\dfrac{5}{12}=150°$ 長針と短針のなす角度が50°になる
のが5時 x 分とすると，$150+0.5x-6x=50$ $-5.5x=-100$ $x=\dfrac{200}{11}$
よって，5時 $\dfrac{200}{11}$ 分

$\boxed{3}$ （確率）

(1) ①のとき a はA→E→D b はA→C ②のとき a はA→D→A b はA→D ③のと
き a はA→B→C b はA→E ④のとき a はA→D→B b はA→F ⑤のとき a はA→
A→D b はA→E 正三角形になるのは③

(2) 駒 a の動きは2個のさいころの出た目で決まる。その動き方は $6\times6=36$（通り）で，右の表1のように表される。駒 b の動きはコインとくじで決まる。その動き方は $2\times6=12$（通り）で，右の表2のように表される。a，b 合わせて，$36\times12=432$（通り）がおこりうるすべての場合の数。このうち，直角三角形になるのは，3点のうちの2点を結ぶ線が直径になるときである。 ① a がD，b がBまたはCまたはEまたはFになるとき（a がDでADが直径になるとき），2つの表より，$6\times(2\times4)=48$（通り）

表1 駒 a の動き						
1個目＼2個目	1	2	3	4	5	6
1　B		A	F	E	D	C	B
2　C		B	A	F	E	D	C
3　D		C	B	A	F	E	D
4　E		D	C	B	A	F	E
5　F		E	D	C	B	A	F
6　A		F	E	D	C	B	A

表2 駒 b の動き						
コイン＼くじ	1	2	3	4	5	6
表		F	E	D	C	B	A
裏		B	C	D	E	F	A

② b がD，a がBまたはCまたはEまたはFになる
とき（b がDでADが直径になるとき），2つの表より，
$2\times(4\times6)=48$（通り） ③ a がBで b がEのとき（a がBでBEが直径になるとき），$6\times2=$
12（通り） ④ a がCで b がFのとき（a がCでCFが直径になるとき），$6\times2=12$（通り）
⑤ a がEで b がBのとき（a がEでBEが直径になるとき），$6\times2=12$（通り） ⑥ a がFで b が

Cのとき（aがFでCFが直径になるとき），$6 \times 2 = 12$（通り）　　以上①～⑥で直角三角形になるのは，$48 \times 2 + 12 \times 4 = 144$（通り）で，その確率は，$\dfrac{144}{432} = \dfrac{1}{3}$

(3)　正三角形になるのはaがCでbがEになる$6 \times 2 = 12$（通り）と，aがEでbがCになる$6 \times 2 = 12$（通り）の合わせて24通りであり，その確率は，$\dfrac{24}{432} = \dfrac{1}{18}$　　他の図形のときは$432 - 144 - 24 = 264$（通り）で，その確率は，$\dfrac{264}{432} = \dfrac{11}{18}$　　XさんとYさんが引き分けになる確率は，Xさんもさんも正三角形になる確率＋XさんもYさんも直角三角形になる確率＋XさんもYさんも他の図形になる確率で，$\dfrac{1}{18} \times \dfrac{1}{18} + \dfrac{1}{3} \times \dfrac{1}{3} + \dfrac{11}{18} \times \dfrac{11}{18} = \dfrac{79}{162}$　　与えられたルールよりXさんが勝つ確率とYさんが勝つ確率は等しいので，Yさんが勝つ確率は，$\left(1 - \dfrac{79}{162}\right) \div 2 = \dfrac{83}{324}$

④　（座標，面積，体積）

(1)　点P，Qはそれぞれ$y = \dfrac{\sqrt{3}}{x}$のグラフ上にあるので，P$(1, \sqrt{3})$，Q$\left(3, \dfrac{\sqrt{3}}{3}\right)$　　点Pは直線$y = ax$上にあるので，$(1, \sqrt{3})$を代入して，$a = \sqrt{3}$　　直線PQの傾きbは，$\left(\dfrac{\sqrt{3}}{3} - \sqrt{3}\right) \div (3-1) = -\dfrac{2\sqrt{3}}{3} \div 2 = -\dfrac{\sqrt{3}}{3}$　　直線PQの式を$y = -\dfrac{\sqrt{3}}{3}x + c$とおいて$(1, \sqrt{3})$を代入すると，$\sqrt{3} = -\dfrac{\sqrt{3}}{3} + c$　　$c = \dfrac{4\sqrt{3}}{3}$

(2)　点Rはx軸上の点なのでy座標は0である。よって，$y = -\dfrac{\sqrt{3}}{3}x + \dfrac{4\sqrt{3}}{3}$に$y = 0$を代入して，$\dfrac{\sqrt{3}}{3}x = \dfrac{4\sqrt{3}}{3}$　　$x = 4$　　R$(4, 0)$　　OR＝4，点Pのy座標が$\sqrt{3}$だから，$\triangle \text{OPR} = \dfrac{1}{2} \times 4 \times \sqrt{3} = 2\sqrt{3}$

(3)　点Pからx軸に垂線PHをひき$\triangle$OPHで三平方の定理を用いると，OP$= \sqrt{\text{OH}^2 + \text{PH}^2} = \sqrt{1+3} = 2$　　3辺の比が$2 : 1 : \sqrt{3}$なので，$\triangle$OPHは内角の大きさが$30°$，$60°$，$90°$の直角三角形となる。よって，$\angle \text{POR} = 60°$　　$\triangle$PRHについても，PR$= \sqrt{\text{PH}^2 + \text{HR}^2} = \sqrt{3+9} = 2\sqrt{3}$　　PR : PH : HR$= 2\sqrt{3} : \sqrt{3}$

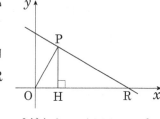

: $3 = 2 : 1 : \sqrt{3}$　　よって，$\angle \text{RPH} = 60°$　　また，$\angle \text{OPH} = 30°$だから，$\angle \text{OPR} = 90°$したがって，$\triangle$OPRを直線$y = -\dfrac{\sqrt{3}}{3}x + \dfrac{4\sqrt{3}}{3}$の回りに1回転してできる回転体は，OPを底面の半径，RPを高さとする円すいとなるので，その体積は，$\dfrac{1}{3} \times \pi \times 2^2 \times 2\sqrt{3} = \dfrac{8\sqrt{3}}{3}\pi$

⑤　（展開図，球）

(1)　図2の点E，点Fは点Aと一致する。よって，$\angle \text{BAC} = \angle \text{BED} = \angle \text{BFC} = 90°$　　ABは面ACD上の2つの直線に垂直なので，面ACDに垂直である。したがって，四面体ABCDの体積は，$\triangle$ACDを底面，ABを高さとして求めることができる。また，AC＝FC＝3，AD＝ED＝3

よって，$\dfrac{1}{3} \times \left(\dfrac{1}{2} \times 3 \times 3 \right) \times 6 = 9$

(2) 頂点Aと平面BCDの距離は，四面体ABCDの底面を△BCDとみたときの高さである。

△BCDの面積は，図2で，正方形AEBF－△ACD－△BCF－△BDE＝$36 - \dfrac{9}{2} - 9 - 9 = \dfrac{27}{2}$

四面体ABCDの体積を2通りに表すことで，$\dfrac{1}{3} \times \dfrac{27}{2} \times$（頂点Aと平面BCDの距離）＝9

よって，頂点Aと平面BCDの距離は，$9 \div \dfrac{1}{3} \div \dfrac{27}{2} = 2$

(3) 平面が球に接するとき，接点を通る球の半径はその平面に垂直である。球の中心をOとすると，四面体ABCDは，三角すいO－ABC，O－ABD，O－BCD，O－ACDを合わせた形であるといえる。図1の△ABC，△ABDはそれぞれ図2の△FBC，△EBDなので，その面積は9　$\triangle BCD = \dfrac{27}{2}$，$\triangle ACD = \dfrac{9}{2}$だから，球の半径を$r$とすると，四面体ABCDの体積を2通りに表すことで，$\dfrac{1}{3} \times 9r + \dfrac{1}{3} \times 9r + \dfrac{1}{3} \times \dfrac{27}{2}r + \dfrac{1}{3} \times \dfrac{9}{2}r = 9$　$12r = 9$　$r = \dfrac{3}{4}$

$\boxed{6}$　（内接円，直角三角形，三平方の定理）

(1) O_1，O_2は共に辺AB，ACから等しい距離にある点で，∠BACの二等分線上にあるので，半直線AO_1，AO_2は一致する。また，$\angle O_1AH_1 = 30°$　$\triangle O_1AH_1$は内角の大きさが30°，60°，90°の直角三角形となるので，$O_1H_1 : AH_1 = 1 : \sqrt{3}$　$AH_1 = 3$だから，$O_1H_1 = r_1 = \dfrac{3}{\sqrt{3}} = \sqrt{3}$　$AO_1 : O_1H_1 = 2 : 1$だから，$AO_1 = 2\sqrt{3}$　$O_1O_2 = r_2 + \sqrt{3}$なので，$AO_2 = 2\sqrt{3} - (r_2 + \sqrt{3}) = \sqrt{3} - r_2$　$AO_2 : O_2H_2 = 2 : 1$だから，$(\sqrt{3} - r_2) : r_2 = 2 : 1$　$3r_2 = \sqrt{3}$　$r_2 = \dfrac{\sqrt{3}}{3}$

(2) $AH_2 : O_2H_2 = \sqrt{3} : 1$だから，$AH_2 = \dfrac{\sqrt{3}}{3} \times \sqrt{3} = 1$　よって，$x + y = 3 - 1 = 2$　点Oを通るABに平行な直線とOO_2，OO_1との交点をそれぞれJ，Kとして直角三角形を作り，三平方の定理を用いると，$OO_2 = \dfrac{\sqrt{3}}{3} + r$，$O_2J = \dfrac{\sqrt{3}}{3} - r$だから，$x^2 = \left(\dfrac{\sqrt{3}}{3} + r \right)^2 - \left(\dfrac{\sqrt{3}}{3} - r \right)^2$　また，$OO_1 = \sqrt{3} + r$，$O_1K = \sqrt{3} - r$だから，$y^2 = (\sqrt{3} + r)^2 - (\sqrt{3} - r)^2$　ところで，$(A + B)^2 - (A - B)^2 = A^2 + 2AB + B^2 - A^2 + 2AB - B^2 = 4AB$なので，$x^2 = \dfrac{4\sqrt{3}}{3}r$　$y^2 = 4\sqrt{3}r$　よって，$x^2y^2 = \dfrac{4\sqrt{3}}{3}r \times 4\sqrt{3}r = 16r^2$　$xy > 0$だから，$xy = 4r$

(3) $x + y = 2$なので，$(x + y)^2 = 4$　$(x + y)^2 = x^2 + 2xy + y^2$だから，$\dfrac{4\sqrt{3}}{3}r + 8r + 4\sqrt{3}r = 4$　両辺を3倍して4で割ると，$\sqrt{3}r + 6r + 3\sqrt{3}r = 3$　$(4\sqrt{3} + 6)r = 3$　$r = \dfrac{3}{4\sqrt{3} + 6}$　分母を有理化して，$r = \dfrac{3(4\sqrt{3} - 6)}{(4\sqrt{3} + 6)(4\sqrt{3} - 6)} = \dfrac{12\sqrt{3} - 18}{48 - 36} = \dfrac{2\sqrt{3} - 3}{2}$

不等式について考えてみよう。

数や式の大小関係を表すときに不等号を使う。例えば，1個5円の鉛筆をx本買うと100円より高くなるときには，$5x > 100$　このような不等号を使った式を不等式という。

AがBより大きいときは，AとBに同じ数を足しても，AとBに同じ正の数をかけても大小関係は変わらない。しかし，AとBに同じ負の数をかけたときには大小関係は逆になる。例えば，$3 < 5$であるが，$3 \times (-2) > 5 \times (-2)$

この説明で，「AとBから同じ数を引く」，「AとBを同じ数で割る」という表現が抜けているが，それでもかまわないということがわかるかな？

A＞Bのとき，A－C＞B－Cというのは，A＋（－C）＞B＋（－C）ということであり，A÷C＞B÷Cというのは，$A \times \dfrac{1}{C} > B \times \dfrac{1}{C}$ということだからだ。

さて，$-2 < x < 3$のとき，$10 - 5x$の範囲はどうなるだろうか？

各辺を-5倍すると，不等号の向きが逆になって，$10 > -5x > -15$　各辺に10をたすと，$20 > -5x + 10 > -5$　つまり，$-5 < 10 - 5x < 20$となる。

平方根を用いて表された数について考えてみよう。

平方根を用いて表された数の整数部分と小数部分について考えてみよう。$\sqrt{A}$の整数部分をx，小数部分をyとすると，$\sqrt{A} = x + y$　　$y = \sqrt{A} - x$　　例として，$\sqrt{13}$の小数部分を表してみよう。整数部分は，$\sqrt{9} < \sqrt{13} < \sqrt{16}$，つまり，$3 < \sqrt{13} < 4$なので3である。よって，小数部分は$\sqrt{13} - 3$　　$2\sqrt{13}$の場合はどうだろうか？　$3 \times 2 < 2\sqrt{13} < 4 \times 2$とすると，$6 < 2\sqrt{13} < 8$となって整数部分が定まらない。このようなときには，$2\sqrt{13} = \sqrt{2^2 \times 13} = \sqrt{52}$として考えるとよい。すると，$\sqrt{49} < \sqrt{52} < \sqrt{64}$，$7 < 2\sqrt{3} < 8$となって，$2\sqrt{13}$の整数部分は7，小数部分は$2\sqrt{13} - 7$とわかる。

1
(1)	
(2)	
(3)	
(4)	

2
(1)	$x=$
	$y=$
(2)	$a=$
	$x=$
(3)	① ②
	③ ④
(4)	点

3
(1)	
(2)	

4
(1)	
(2)	
(3)	

5
(1)	
(2)	cm²
(3)	cm²
(4)	
(5)	cm²

1

(1)	
(2)	
(3)	
(4)	

2

(1)	$x=$ $y=$
(2)	$x=$
(3)	$x=$ $y=$
(4)	g

3

(1)	
(2)	カードが入れ 替わる確率
	カードが動 かない確率

4

(1)	A (,)
(2)	
(3)	

5

(1)	
(2)	
(3)	
(4)	

1	/20	2	/26	3	/12	4	/18	5	/24		/100

60 第3回 解答用紙

1

(1)	
(2)	
(3)	
(4)	

2

(1)	$x=$ $y=$
(2)	
(3)	：
(4)	

3

(1)	
(2)	

4

(1)	
(2)	P（　　　，　　　）
(3)	

5

(1)	°	
(2)	$\angle x=$ °	
	$\angle y=$ °	
(3)	①	cm
	②	cm^2
	③	cm

1	2	3	4	5	
/20	/20	/10	/17	/33	/100

1
(1)	
(2)	
(3)	
(4)	

4
(1)	$a=$
(2)	
(3)	
(4)	$t=$

2
(1)	$a=$
(2)	
(3)	個
(4)	個

5
(1)		：
(2)	①	cm
	②	cm²
(3)		：

3
(1)	通り
(2)	通り

1	2	3	4	5	
╱20	╱20	╱10	╱25	╱25	╱100

1
(1)	
(2)	
(3)	
(4)	

2
(1)	$a=$	
	$b=$	
(2)		
(3)		
(4)		円

3
(1)	
(2)	

4
(1)	Ⅰ	
	Ⅱ	
	Ⅲ	
(2)	最頻値	
	中央値	
	平均値	

5
(1)	
(2)	
(3)	
(4)	
(5)	

1	/16	2	/20	3	/10	4	/24	5	/30		/100

解答用紙

1

(1)	
(2)	
(3)	
(4)	

2

(1)	$x=$
	$y=$
(2)	$a=$
	$b=$
(3)	$n=$
(4)	

3

(1)	通り
(2)	
(3)	番目

4

(1)	
(2)	D (　　　,　　　)

5

(1)	
(2)	

6

(1)	cm^3
(2)	cm
(3)	cm^2

1	2	3	4	5	6	
/20	/20	/18	/12	/12	/18	/100

1

(1)	
(2)	
(3)	
(4)	

2

(1)	個
(2)	
(3)	$n=$
(4)	21番目の数
	2回目　　　　　番目

3

(1)	
(2)	

3

(3)	

4

(1)	①	cm
	②	
	③	S (　 , 　)
(2)		
(3)		

5

(1)	cm
(2)	cm
(3)	cm
(4)	倍

1	2	3	4	5	
/16	/20	/15	/25	/24	/100

1

(1)	
(2)	
(3)	
(4)	

2

(1)	
(2)	
(3)	
(4)	°

3

(1)	通り
(2)	
(3)	

4

(1)	C (,)
(2)	$a=$
(3)	
(4)	:

5

(1)	①	
	②	
	③	
(2)		

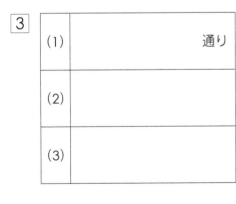

| 1 | /16 | 2 | /20 | 3 | /15 | 4 | /29 | 5 | /20 | /100 |

1

(1)	
(2)	
(3)	①
	②
	③ $a=$
	$b=$

2

(1)	$x=$	$y=$
	$z=$	
(2)		
(3)	3ケタ	番目
	整数	
(4)		点

3

(1)				
(2)	入れ方	通り	確率	

4

(1)	
(2)	
(3)	

5

(1)	
(2)	
(3)	

6

(1)	cm³
(2)	cm²
(3)	cm

| 1 | /20 | 2 | /28 | 3 | /12 | 4 | /13 | 5 | /12 | 6 | /15 | /100 |

解答用紙

1

(1)		
(2)	$\sqrt{27}$	
	$\sqrt{2017}$	

2

(1)	
(2)	
(3)	
(4)	時　分

3

(1)	
(2)	
(3)	

4

(1)	$a=$	
	$b=$	
	$c=$	
(2)		
(3)	∠POR	°
	体積	

5

(1)	
(2)	
(3)	

6

(1)	$r_1=$	$r_2=$
(2)	①	②
	③	④
(3)	⑤	⑥

1	2	3	4	5	6	
/9	/12	/12	/21	/12	/34	/100

公式集（＆解法のポイント）

指数

◎m, nを自然数とするとき，

・$a^m \times a^n = a^{m+n}$

・$(a^m)^n = a^{mn}$

・$a^m \div a^n = a^{m-n}$

（例）$a^5 \times a^2 = a^{5+2} = a^7$

$\quad (a^5)^2 = a^{5 \times 2} = a^{10}$

$\quad a^5 \div a^2 = a^{5-2} = a^3$

◎$m = n$のとき，$a^m \div a^n = a^0 = 1$

◎$m < n$のとき，$a^m \div a^n = \dfrac{1}{a^{n-m}}$

計算の工夫

◎置き換えができるものは置き換えて計算する。

（例）$1992 \times 2008 - 1998 \times 1997$

$\quad 2000 = A$とおくと，

$\quad (A-8)(A+8) - (A-2)(A-3)$

$\quad = A^2 - 64 - A^2 + 5A - 6$

$\quad = 5A - 70$

$\quad = 9930$

整数・自然数

◎約数を1とその数自身の2個だけもつ自然数を「素数」という。

（例）2，3，5，7，11，13，17，19，……

◎自然数Aが素数a，bを用いて，$A = a^x \times b^y$と

素因数分解できるとき，

・Aの約数の個数は$(x+1)(y+1)$個である。

・Aの約数の総和は，

$(1 + a + a^2 + \cdots\cdots + a^x)(1 + b + b^2 + \cdots\cdots + b^x)$で求められる。

（例）$72 = 2^3 \times 3^2$なので，

$\quad$72の約数の個数は，$(3+1) \times (2+1) = 12$（個）

$\quad$72の約数の総和は，$(1 + 2 + 2^2 + 2^3) \times (1 + 3 + 3^2)$

$\qquad\qquad\qquad\qquad = 15 \times 13 = 195$

◎2つの自然数A，Bの最大公約数をG，最小公倍数をLとする。

$\quad A = Ga$，$B = Gb$と表せるとき，

・aとbは1以外に公約数をもたない。

・$L = Gab$，$AB = GL$となる。

（例）$24 = 2^3 \times 3$，$90 = 2 \times 3^2 \times 5$

$\quad G = 2 \times 3 = 6 \qquad 24 = 6 \times 4$，$90 = 6 \times 15$

$\quad L = 6 \times 4 \times 15 = 2^3 \times 3^2 \times 5 = 360$

$\quad 24 \times 90 = 6 \times 360 = 2160$

式の値

◎式を簡単にしてから代入する。

（例）$x=2$, $y=-\dfrac{1}{3}$ のとき, $\dfrac{2x(x^2-y)-xy}{x}$ の値を求める。

$\dfrac{2x(x^2-y)-xy}{x}=2x^2-3y=8+1=9$

◎展開したり因数分解したりして，式を変形して代入する方法がある。

その他に，以下の形にも慣れておこう。

・$x^2+y^2=(x+y)^2-2xy$

・$x^2+\dfrac{1}{x^2}=\left(x+\dfrac{1}{x}\right)^2-2$

◎$x=\sqrt{a}+b$ の形は, $x-b=\sqrt{a}$ として,

$(x-b)^2=a$ が利用できることがある。

（例）$x=\sqrt{3}+2$ のとき, $(x-2)^2=3$　　$x^2-4x=3-4=-1$ なので,

x^2-4x+7 の値は, $-1+7=6$

比例式

◎$a:b=c:d$ のとき,

・$a:c=b:d$

・$a:(a+b)=c:(c+d)$

・$ad=bc$

二次方程式

◎$x^2=a$ の形　⇔　$x=\pm\sqrt{a}$

◎因数分解の利用

$(x-a)(x-b)=0$　⇔　$x=a$, $x=b$

◎$(x+a)^2=$A の形に変形

（例）$x^2+6x=2$　　$x^2+6x+9=2+9$

$(x+3)^2=11$　　$x=-3\pm\sqrt{11}$

◎解の公式を確実に覚えて使ってもよい。

$ax^2+bx+c=0$　⇒　$x=\dfrac{-b\pm\sqrt{b^2-4ac}}{2a}$

◎$ax^2+bx+c=0$ の解を m, n とする。

$a(x-m)(x-n)=0$ の解も m, n なので,

$a\{(x-m)(x-n)\}=ax^2+bx+c$

$x^2-(m+n)x+mn=x^2+\dfrac{b}{a}x+\dfrac{c}{a}$

つまり, 2つの解の和は $-\dfrac{b}{a}$, 積は $\dfrac{c}{a}$

乗法公式と因数分解

◎基本形

・$x(a+b) \Leftrightarrow ax+bx$

・$(x+a)(x+b) \Leftrightarrow x^2+(a+b)x+ab$

・$(x+a)^2 \Leftrightarrow x^2+2ax+a^2$

・$(x-a)^2 \Leftrightarrow x^2-2ax+a^2$

・$(x+a)(x-b) \Leftrightarrow x^2-a^2$

◎複雑な式は，部分的に因数分解して,

基本の形が使えるように変形する。

（例）$a^2+2ab-3a-6b=a(a+2b)-3(a+2b)$

$a+2b=$A とおくと,

aA-3A$=$A$(a-3)=(a-3)(a+2b)$

（例）$a^2-2ab+b^2-a+b-6=(a-b)^2-(a-b)-6$

$a-b=$A とおくと,

A$^2-$A$-6=($A$-3)($A$+2)=(a-b-3)(a-b+2)$

◎$a>0$，$b>0$であるとき，

・$a>b$ ⇔ $\sqrt{a}>\sqrt{b}$

・$\sqrt{a}\sqrt{b}=\sqrt{ab}$

・$\dfrac{\sqrt{a}}{\sqrt{b}}=\sqrt{\dfrac{a}{b}}=\dfrac{\sqrt{a}\times\sqrt{b}}{\sqrt{b}\times\sqrt{b}}=\dfrac{\sqrt{ab}}{b}$

(分母を有理数にする)

◎aを自然数とするとき，$a\leqq\sqrt{x}<a+1$ならば，

・$\sqrt{x}$の整数部分はa，小数部分は$\sqrt{x}-a$

(例)$\sqrt{4}\leqq\sqrt{7}<\sqrt{9}$ なので，$2\leqq\sqrt{7}<3$

よって，$\sqrt{7}$ の整数部分は2，小数部分は，$\sqrt{7}-2$

◎$\sqrt{a^2\times b^2\times c^2\times\cdots\cdots}=a\times b\times c\times\cdots\cdots$

(例)$\sqrt{60A}=\sqrt{2^2\times3\times5\times A}$の場合，

A$=3\times5$のときに，

$\sqrt{60A}=2\times3\times5$となる。

比例と反比例

◎比例定数をaとすると，

yがxに比例するとき，$\dfrac{y}{x}=a$，$y=ax$

yがxに反比例するとき，$xy=a$，$y=\dfrac{a}{x}$

一次関数

◎一次関数$y=ax+b$において，

・aは，変化の割合$=\dfrac{y\text{の値の増加量}}{x\text{の値の増加量}}$

または，グラフの傾きを表す。

・bは$x=0$のときのyの値，または，y軸との交点のy座標を表す。

◎2直線$y=ax+b$，$y=cx+d$において，

・2直線が平行 ⇔ $a=c$

・2直線が垂直 ⇔ $ac=-1$

整数・自然数

◎yがxの2乗に比例する関数，$y=ax^2$では，変化の割合は一定ではない。

◎$y=ax^2$のグラフは原点を通る放物線であり，$a<0$のときには下に開く。

◎$y=ax+b$，$y=ax^2$のグラフ上の点のx座標をm，nとすると，その点のy座標はそれぞれ$am+b$，an^2と表される。

◎グラフの交点の座標は，2つのグラフの式を連立方程式とみて求めることができる。

放物線$y=ax^2$と直線$y=mx+n$の交点のx座標は，二次方程式$ax^2=mx+n$の解である。

・放物線$y=ax^2$と直線$y=mx+n$の交点のx座標をp，qとすると，xの値がpからqまで変化するときの変化の割合，つまり2つの交点を通る直線の傾きmは，

$m=a(p+q)$

関数・グラフと図形

◎3点A，B，Cの座標がわかっているときの△ABCの面積の求め方

- x軸，y軸に平行な直線をひいて，三角形の外側に長方形を作り，長方形の面積から周りの三角形の面積を引く。

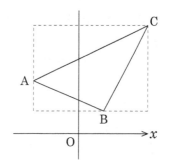

- どれかの頂点を通り，その頂点と向かい合う辺に平行な直線をひいて等積変形を利用する。

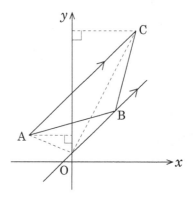

- どれかの頂点を通るy軸に平行な直線をひいて，2つの三角形に分けて求める。

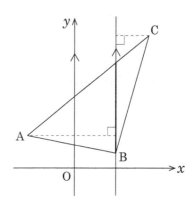

三角形

◎三角形の各辺の垂直二等分線は1点で交わり，その点から各頂点までの距離は等しいので，その点(外心という)を中心として三角形に外接する円をかくことができる。

◎三角形の各頂角の二等分線は1点で交わり，その点から各辺までの距離は等しいので，その点(内心という)を中心として三角形に内接する円をかくことができる。

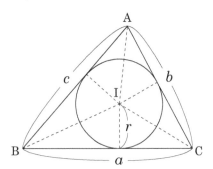

・3辺の長さと面積がわかると内接する円の半径が求められる。△ABC＝△IAB＋△IBC＋△ICA

$$\frac{1}{2}r(a+b+c)＝△ABCの面積$$

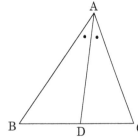

◎三角形の内角の二等分線は，その角と向かい合う辺を，その角を作る2辺の比に分ける。

AB：AC＝BD：DC

◎三角形の各頂点と向かい合う辺の中点を結ぶ線分(中線という)は1点で交わり，その点(重心という)は中線を2：1の比に分ける。

・中点連結定理により，MN//BC，MN＝$\frac{1}{2}$BC

MN//BCなので，BG：NG＝CG：MG＝BC：NM＝2：1

◎高さの等しい三角形では，面積の比は底辺の比に等しい。

△ABD：△ACD＝BD：CD

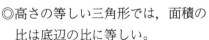

◎ ℓ //m ⇔ △PAB＝△QAB，△PRA＝△QRB

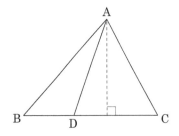

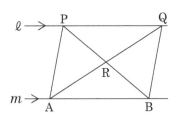

三角形の外角

◎三角形の外角はそのとなりにない内角の和に等しい。

(例) ∠ACD＝∠A＋2b   ∠ECD＝$\frac{1}{2}$∠A＋b

∠E＝∠ECD－b   ∠E＝$\frac{1}{2}$∠A   ∠ECF＝90°

∠BFC＝∠ECF＋∠E＝90°＋$\frac{1}{2}$∠A

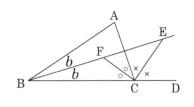

特殊な直角三角形

◎内角の大きさが15°, 75°, 90°の直角三角形の辺の比は$1:(2+\sqrt{3}):(\sqrt{6}+\sqrt{2})$である。

BC＝1, ∠BDC＝30°, ∠BEC＝45°とすると, ∠DBA ＝∠DAB＝15°　　　内角の大きさが30°, 60°, 90°の 直角三角形と内角の大きさが45°, 45°, 90°の直角三角 形の辺の比を用いると, BD＝2, DC＝$\sqrt{3}$　　　AD＝BD ＝2　　　よって, AC＝$2+\sqrt{3}$　　　DBは∠ABEの二等分線だから, AB：BE＝AD：DE＝ 2：$(\sqrt{3}-1)$　　　BE＝$\sqrt{2}$だから, AB＝$\dfrac{2\sqrt{2}}{\sqrt{3}-1}$＝$\sqrt{6}+\sqrt{2}$

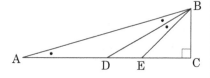

多角形の角

◎n角形は1つの頂点から$(n-3)$本の対角線をひくことができて, それによって, $(n-2)$個の三角形に分けることができる。

・n角形の内角の和は, $(n-2)\times180°$

・n角形の外角の和は, nの値にかかわらず, 360°

円の性質

◎$\angle{\rm ACB}=\dfrac{1}{2}\angle{\rm AOB}$

◎円に内接する四角形は, 対角の和が180°になる。

・$\angle{\rm ACB}+\angle{\rm ADB}=180°$

・$\angle{\rm ADE}=\angle{\rm ACB}=180°-\angle{\rm ADB}$

◎OA⊥PA, OB⊥PB

◎PA＝PB

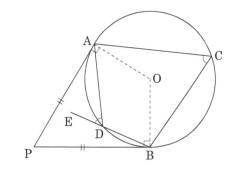

◎円の接線と接点を通る弦との作る角は, その角内にある弧に対する円周角に等しい。

・$\angle{\rm CAT}=\angle{\rm ABC}$

（＝$\angle{\rm ADC}=90°-\angle{\rm CAD}$）

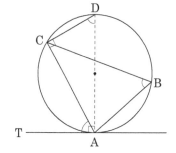

◎接線と弦についての定理から, △ATB∽△ACT, 円に内接する四角形の外角の性質から, △ACD∽△AEB

・$AT^2=AB\times AC=AE\times AD$

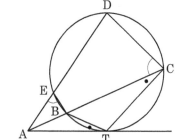

三平方の定理

◎内角の大きさが30°，60°，90°の直角三角形 ⇔ 3辺の比が2：1：$\sqrt{3}$

◎内角の大きさが45°，45°，90°の直角三角形 ⇔ 3辺の比が1：1：$\sqrt{2}$

◎1辺の長さがaの正三角形の高さは，

$\dfrac{\sqrt{3}}{2}a$，面積は$\dfrac{\sqrt{3}}{4}a^2$

◎3辺の長さがわかっている三角形は
面積を求めることができる。

BH＝xとすると，

AH$^2＝c^2－x^2＝b^2－(a－x)^2$

xを求め，高さAHを求める。

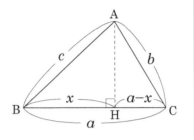

空間図形

◎1辺の長さがaの正四面体の高さは，

AG＝$\dfrac{2}{3}$AM＝$\dfrac{\sqrt{3}}{3}a$

OG＝$\sqrt{\text{OA}^2－\text{AG}^2}＝\dfrac{\sqrt{6}}{3}a$

体積は，$\dfrac{1}{3}×\dfrac{\sqrt{3}}{4}a^2×\dfrac{\sqrt{6}}{3}a＝\dfrac{\sqrt{2}}{12}a^3$

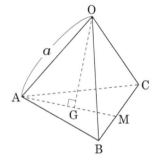

◎球が多角形に内接，あるいは外接
している場合には，球の中心を通
る平面で切断して考えると解決す
ることが多い。

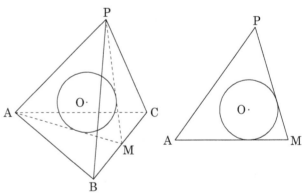

◎頂点から底面にひく垂線が底面の
外側を通る場合がある。

（例）三角錐AMCNの体積は，$\dfrac{1}{3}×△\text{MCN}×\text{AD}$

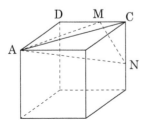

◎点から平面への距離は，体積を
2通りに表して求められること
がある。

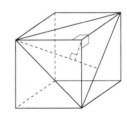

平行線と線分の比

◎AB//CDのとき，

OA：AC＝OB：BD
　　　　＝AB：CD

OA：OC＝OB：OD
　　　　＝AB：CD

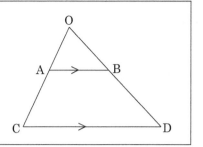

面積の比・体積の比

◎AD：DB＝a：b，AE：EC＝c：dのとき，

$$\triangle ADE = \frac{a}{a+b}\triangle ABE$$

$$\triangle ABE = \frac{c}{c+d}\triangle ABC$$

$$\triangle ADE = \frac{a}{a+b}\times\frac{c}{c+d}\triangle ABC$$

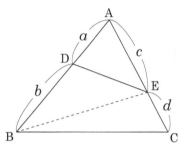

◎三角すいAPQRの体積は，三角すいABCDの体積の$\dfrac{AP}{AB}\times$

$\dfrac{AQ}{AC}\times\dfrac{AR}{AD}$である。

△APQ，△ABCを底面とみたときの高さは，それぞれ，
点R，点Dから面APQ，面ABCまでの距離で，その比は，
AR：AD　　よって，三角すいAPQRの高さは三角すい
ABCDの高さの$\dfrac{AR}{AD}$　　したがって，三角すいAPQRの体

積は，三角すいABCDの体積の$\dfrac{AP}{AB}\times\dfrac{AQ}{AC}\times\dfrac{AR}{AD}$

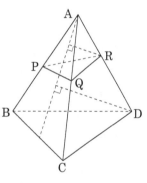

最短距離

◎直線に関して対称な点が役立つことがある。

（例）BP＝B´Pなので，AP＋BP＝AP＋B´P
　　　よって，線分AB´の長さが最短距離

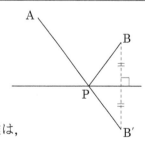

◎空間図形では展開図で考える。

（例）点Aから直方体の表面を通って点Gに至る最短距離は，
　　　展開図の長方形の対角線の長さである。

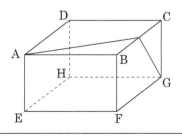
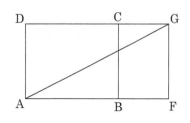

座標平面上の2点

◎2点A(x_1, y_1)，B(x_2, y_2)があるとき，

・線分ABの中点Mの座標は，$\left(\dfrac{x_1+x_2}{2}, \dfrac{y_1+y_2}{2}\right)$

・線分ABの長さは，$\sqrt{(x_2-x_1)^2+(y_2-y_1)^2}$

確率

◎起こりうるすべての場合の数がN通りあって，それらはすべて同様に確からしいとする。

そのうち，あることがらAの起こる場合の数がa通りあるとするとき，

・(Aの起こる確率)$=\dfrac{a}{N}$

・(Aの起こらない確率)$=1-\dfrac{a}{N}$

(例)3枚の硬貨を投げるとき，少なくとも1枚は表になる確率は，$1-\dfrac{1}{2^3}=\dfrac{7}{8}$

場合の数

◎あることがらAにa通りの場合があり，そのそれぞれに対して，別のことがらBにb通りの場合があり，さらにそれらに対して，Cにc通りの場合があり，……

このときの場合の数は，$a \times b \times c \times$……(通り)

◎異なるn個のものからr個を取り出して一列に並べるときの並べ方の数

$n \times (n-1) \times (n-2) \times \cdots \times (n-r+1)$

◎異なるn個のものからr個を取り出すときの取り出し方の数

$\dfrac{n \times (n-1) \times (n-2) \times \cdots \times (n-r+1)}{r \times (r-1) \times (r-2) \times \cdots \times 2 \times 1}$

(例)7人の生徒から4人のリレー選手を選ぶとき，走る順番も決めて選ぶ場合は，

$7 \times 6 \times 5 \times 4 = 840$(通り)

(例)走る順番は決めないで4人を選ぶだけの場合は，

$\dfrac{7 \times 6 \times 5 \times 4}{4 \times 3 \times 2 \times 1} = 35$(通り)

◎n個のものを並べるとき，そのうちのr個が区別がつかないものであるとき，並べ方の数は，

$\dfrac{n \times (n-1) \times (n-2) \times \cdots \times 1}{r \times (r-1) \times (r-2) \times \cdots \times 1}$

(例)a, b, c, d, e, e, eの7文字の並べ方の数は，$\dfrac{7 \times 6 \times 5 \times 4 \times 3 \times 2 \times 1}{3 \times 2 \times 1}$

x, x, x, x, y, y, yの7文字の並べ方の数は，$\dfrac{7 \times 6 \times 5 \times 4 \times 3 \times 2 \times 1}{4 \times 3 \times 2 \times 1 \times 3 \times 2 \times 1}$

◎サイコロをふるときの目の出方の総数

・2個(2回)の場合は，6^2　　3個(3回)の場合は，6^3

大切なことはメモしておこうネ！

~公立高校志望の皆様に愛されるロングセラーシリーズ~

公立高校入試シリーズ

- 全国の都道府県公立高校入試問題から良問を厳選
  ※実力錬成編には独自問題も！
- 見やすい紙面、わかりやすい解説

数学

NEW

合格のために必要な点数をゲット

目標得点別・公立入試の数学 基礎編

- 効率的に対策できる！　30・50・70点の目標得点別の章立て
- web解説には豊富な例題167問！
- 実力確認用の総まとめテストつき

定価：1,210 円（本体 1,100 円 + 税 10%）／ ISBN：978-4-8141-2558-6

NEW

応用問題の頻出パターンをつかんで80点の壁を破る！

実戦問題演習・公立入試の数学 実力錬成編

- 応用問題の頻出パターンを網羅
- 難問にはweb解説で追加解説を掲載
- 実力確認用の総まとめテストつき

定価：1,540 円（本体 1,400 円 + 税 10%）／ ISBN：978-4-8141-2560-9

英語

「なんとなく」ではなく確実に長文読解・英作文が解ける

実戦問題演習・公立入試の英語 基礎編

- 解き方がわかる！　問題内にヒント入り
- ステップアップ式で確かな実力がつく

定価：1,100 円（本体 1,000 円 + 税 10%）／ ISBN：978-4-8141-2123-6

公立難関・上位校合格のためのゆるがぬ実戦力を身につける

実戦問題演習・公立入試の英語 実力錬成編

- 総合読解・英作文問題へのアプローチ手法がつかめる
- 文法、構文、表現を一つひとつ詳しく解説

定価：1,320 円（本体 1,200 円 + 税 10%）／ ISBN：978-4-8141-2169-4

理科

短期間で弱点補強・総仕上げ

実戦問題演習・公立入試の理科

解き方のコツがつかめる！　豊富なヒント入り
基礎~思考・表現を問う問題まで
重要項目を網羅

定価：1,045 円（本体 950 円 + 税 10%）
ISBN：978-4-8141-0454-3

社会

弱点補強・総合力で社会が武器になる

実戦問題演習・公立入試の社会

- 基礎から学び弱点を克服！　豊富なヒント入り
- 分野別総合・分野複合の融合など
  あらゆる問題形式を網羅
  ※時事用語集を弊社HPで無料配信

定価：1,045 円（本体 950 円 + 税 10%）
ISBN：978-4-8141-0455-0

国語

最後まで解ききれる力をつける

形式別演習・公立入試の国語

- 解き方がわかる！　問題内にヒント入り
- 基礎~標準レベルの問題で
  確かな基礎力を築く
- 実力確認用の総合テストつき

定価：1,045 円（本体 950 円 + 税 10%）
ISBN：978-4-8141-0453-6

全国47都道府県を完全網羅

全国 公立高校入試過去問題集シリーズ

POINT

① **入試攻略サポート**
- 出題傾向の分析×**10年分**
- 合格への対策アドバイス
- 受験状況

② **便利なダウンロードコンテンツ**（HPにて配信）
- 英語リスニング問題音声データ
- 解答用紙

③ **学習に役立つ**
- 解説は全問題に対応
- 配点
- 原寸大の解答用紙を
  ファミマプリントで販売
  ※一部の店舗で取り扱いがない場合がございます。

最新年度の発刊情報は
HP（https://www.gakusan.co.jp/）をチェック！

こちらの2県は
予想問題集 も発売中
＼実戦的な合格対策に!! ／

 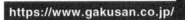

書籍の内容についてのお問い合わせは右の QR コードから　⇒

※書籍の内容についてのお電話でのお問合せ、本書の内容を
超えたご質問には対応できませんのでご了承ください。

高校入試実戦シリーズ

実力判定テスト10 改訂版　　数学　　偏差値60

2020年　5月13日　初版発行
2024年　9月13日　4刷発行

発行者　佐藤　孝彦

発行所　東京学参株式会社
　　　　〒153-0043　東京都目黒区東山2−6−4
　　　　URL　　https://www.gakusan.co.jp/

印刷所　株式会社ウイル・コーポレーション

ISBN 978-4-8141-1663-8